# 終りのない惨劇

## チェルノブイリの教訓から

ミシェル・フェルネクス
ソランジュ・フェルネクス
ロザリー・バーテル
竹内雅文 訳

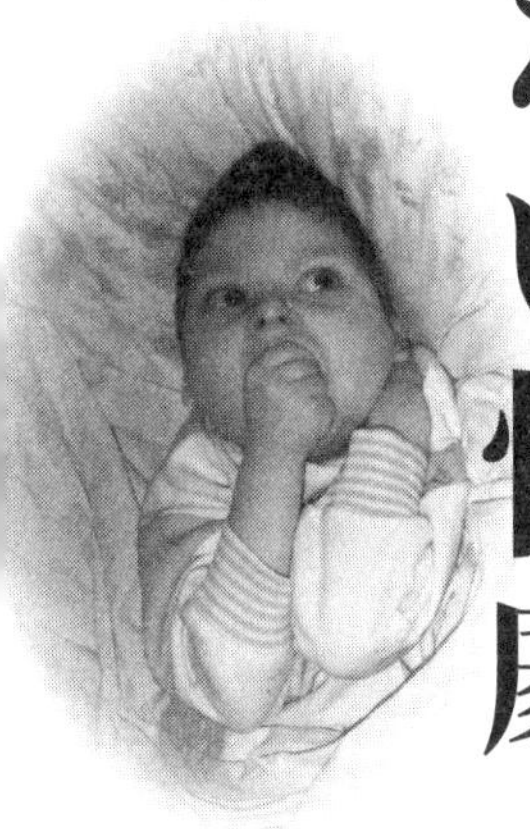

緑風出版

目　次

終りのない惨劇〜チェルノブイリの教訓から〜

訳者まえがき　竹内雅文・7
著者紹介・24
各章の概要・30
第一部　WHO―IAEA合意、チェルノブイリ、そして福島　ミシェル・フェルネクス　39
第二部　チェルノブイリの惨事と健康　ミシェル・フェルネクス　45
序・46／IAEAと一体でチェルノブイリに対処したWHO・48／一九九五年一一月、チェルノブイリの情報を出そうとするWHOの試み・52／一九九六年四月、IAEAの会議・59／チェルノブイリの癌・63／体内組織に取り込まれた放射性核種による疾病・69／問題を消し去る・77／ホミェリの研究室の終焉・79／催変異と催畸形・81／魚類、ツバメ、齧歯目獣の遺伝子異常・82／子供の先天性異常・87／ベラルーシの学術体制の破壊・90／文献・94

第三部　チェルノブイリ人民法廷より　99
ロザリー・バーテル／ソランジュ・フェルネクス／ミシェル・フェルネクス
第一章　ICRPについて——ロザリー・バーテル・100
第二章　チェルノブイリ周辺の畸形——ソランジュ・フェルネクス・111
討論・123
第三章　チェルノブイリに関する公式会議について——ミシェル・フェルネクス・132
討論・145

第四部　バンダジェフスキを巡るインタビュー　153
ミシェル・フェルネクス＆ソランジュ・フェルネクス

第五部　チェルノブイリの惨事は成長を続ける一本の樹　163
ミシェル・フェルネクス
はじめに・164／検閲によって潰された情報の例をさらに幾つか・167／原爆をモデルにしてチェルノブイリを論じるのは誤り・170／低線量被曝が癌の発症

に演じる役割・174／利害関係の軋轢・182／二〇〇四年、ＷＨＯのチェルノブイリ・フォーラム・183／否認主義：汚染地域の子供たちの無感動症・188／体内に摂取した放射性核種による内部被曝・192／小児の糖尿病の増加の無視・194／結論・198／参考文献・199

附　録　205

資料・国際原子力機関と世界保健機関との間の合意書・206
関連年表・212

# 訳者まえがき

竹内雅文

## 福島の惨事

二〇一一年三月一一日一四時四六分〔GMT〔グリニッジ標準時〕五時四六分〕、仙台沖一三〇キロメートル付近を震源とする強い地震が起った。この「東北地方太平洋沖地震」の規模は当初マグニチュード七・九とされ、その日のうちに八・四に訂正されたが、数日後、これまで日本の気象庁が用いたことのないモーメント・マグニチュードなるものに基いて、九・〇と発表し直された。この地震によって東北地方東部沿岸の全域を大規模な津波が襲い、多くの集落を壊滅させた。津波の高さは相馬で九・三メートル以上、大船渡で八・〇メートル以上、宮古で八・五メートル以上などとなっている〔いずれも検潮所による測定値〕。震災の死者行方不明者は合わせて二万人弱〔二〇一一年一二月末〕とされているが、その大部分は津波による。

この地震により、福島県大熊町と双葉町の境の海岸に立地している、東京電力の福島第一原子力発電所で設備全般が大きく損壊した。六基ある原子炉のうち稼動していた一〜三号機は何れも緊急停止した。しかし発電所は外部電源を全面的に喪失し、予備電源も作動せず、冷却不能の状態に陥った。

一〜五号機はGE社の基本設計によって製造されたマークIと呼ばれる形式の沸騰水式軽水炉で、以前から設計上の欠陥を指摘されてきた。一号機が始動したのは一九七〇年九月二六日であり、四十年以上たち、老朽による危険も以前から警告されていた。二〇一〇年の六月一七日に既に、二号機は電源関係の事故を起してもいた。しかもそれは始めてではなかった。様々な状況から考えて、発電所の重度の損傷は地震によって起っていたと考えるべきと思うが、東電や政府関係者、IAEA（国際原子力機関）などは一五メートルを越える「想定外」の津波によると説明している。しかし津波の規模は九メートル以下だったはずで、一五メートル云々というのは遡上高に過ぎない。二〇〇九年九月に東京電力は、八・七〜九・二メートルの津波が取水口近くに襲来しても、敷地内に遡上することはありないとする試算結果を原子力安全・保安院に提出している。東京電力によるこの種の計算がいかにあてにならないものかを如実に示していると言える。

一二日GMT一五時三六分、一号機で水素爆発があり、続く数日間のうちに二〜四号建屋も次々に爆発した。これによって大量の放射能が撒き散らされたはずだが、政府や東京電力などはその実態を国民に迅速に知らせなかった。拡散の予測をするスピーディ（緊急時迅速放射能影響予測ネットワークシステム）というシステムが導入されていて、それによる予測もたっていたが、政府はそれを公表しなかった。沃素一三一による症状を軽減するために安定沃素剤が用意されていたはずだが、それを政府は配布しなかった。同心円状に一〇キロメートル圏、二〇キロメートル圏といった地域割りをし、一〇キロメートル圏内の人たちを「念のための避難です」と嘘を言って避難させ、暫く後に二〇キロメートルに拡大した。が、その外側については高い数値の地区があることを知りながら、たいした処置も取らず、テレビ番組やインターネットで騒ぎが大きくなってからようやく、飯舘村についてだけ避難を実施した。

三〇キロメートル圏内は屋外避難区域だと言うのだが、細かな地区ごとの空間線量の情報も住人には知らされず、八月の頭になってようやく、例えば南相馬市ではチェルノブイリ救援・中部が作成した汚染マップが掲示される、というようなこともあったが、こうしたことはすべて民間のボランティアによるものである。

被災者たちが使えるようにと、援助物資として小型の空間線量計を日本に大量に送ってきた国が幾つかあり、例えばフランスからは四万台が来ているはずだが、それらはどこかに眠らせられたまま、今だに配布されていない。五月六日になって文部科学省が発表した数値によれば、北西方向のもっとも汚染の強い地域では、空間線量は毎時一九~九〇マイクロシーベルトであった。年間に換算すると最大で八〇〇ミリシーベルト近い値になる。

こうした厳しい汚染状況を前にして、枝野幸男官房長官は「直ちに健康への影響はない」旨の発言をテレビカメラの前で繰り返した。テレビには連日のように御用学者が登場し、放射能は無害だと言い続けた。例えばプルトニウムに関して奈良林直（北海道大学）は三月二九日に、プルトニウムの毒性は「呑み込んだ場合は塩と大差ない」あるいは「ポツリヌス菌の方がはるかに危険だ」と発言しているし、中川恵一（東大病院）は四月三日に「プルトニウムは私たちの暮しにどんな影響がありますか」という問いに「これはありません」と答えている。

こうした発言はいずれも、問題点をわざとずらしてそれに対してそれなりに正確に解答するという、典型的な詭弁手法によるものであった。低線量被曝は直ちに影響がないとは言えないが、影響が直ちに表面化しないことは事実である。悲惨な結果が姿を現すのは何年も先、あるいは何世代もたってからなのだ。またセシウム一三七がもっとも問題である時に、微量しか検出されないだろうことが最初から分かっているプルトニウムをことさらに話題の中心にし、しかも毒性の問題の中心が肺であることが分かりきっているのに、飲んだ場合にほとんど吸収されない点を強調するのであった。

文部科学省は四月一九日、福島県内の学校や幼稚園で子どもの年間被曝許容量を暫定的に二〇ミリシーベルトにすると発表した。五月二三日に撤回を求めて上京した父母たちに対して、文部科学省が用意した場所は雨の降る中庭であった。

また福島県の佐藤雄平知事は山下俊一なる人物を雇い入れ、県内各地で「年間一〇〇ミリシーベルトの被曝をしても、健康への悪影響はない」旨の講演をさせ、さらにこの人物を県立医科大学の副学長に迎え入れた。一般民衆を前にした講演では一〇〇ミリシーベルトは安全ですと繰り返しながら、『シュピーゲル』誌（八月一九日）のインタビューでは、そんなことを私が言うはずがないと宣うこの二枚舌の妖怪に、朝日新聞は九月二日付で「朝日がん大賞」なるものを授与している。

食品の放射能汚染に対しては、暫定基準値なるものが出された。セシウムの場合のキログラムあたりのベクレルで言うと、野菜・肉・魚ほかの食品が一律に五〇〇、水・乳製品が二〇〇であるという。ウクライナでは水が二、パンが二〇、根菜が四〇、ベラルーシでは水が一〇、パンが四〇、チーズが五〇であるのを思うと、チェルノブイリの教訓を何も学ばなかったのだということになるであろう。

夏以降、二〇キロメートル以遠の地帯については除染キャンペーンが張られ、避難していた人々の帰還を促す動きが始動した。除染とは言うものの、大半は高圧水を掛けて、建物の壁や庭や道路の表面に固着しているセシウム粒子の一部を吹き飛ばすか、あるいはブルドーザで表面の土を掘り返して、深いところに埋めるかであり、セシウムは単に目立たないところに移動するだけのことである。実際、除染した場所を暫く後に測定すると、高い数値に戻っていたりもする。そうした場所に、さあ、除染したから帰りなさい、と言うのである。

政府・東電は一〜三号機の炉心がいずれも溶け落ちている可能性を認め、内部が深刻な状況にあることを認識しながらも、あたかも事態が収拾に向かっているかのような虚偽の情報を繰り返し流している。溶け落ちた燃料その他の物質が渾然一体となった物体、いわゆるコリウムが、実際にはどこにどういう状態であるのか、誰にも分ってはいない。近づいて見ることは誰にもできないし、どう処理したらよいのか、方法の糸口さえつかめていない。それにもかかわらず、一二月一六日に野田佳彦首相は事故の収束宣言なるものを出した。

いったい何故、このようなことになっているのか。同朋が被災し、国土の大切な部分に穴が開いたようになっても、見て見ぬふりをせよ、と何故言えるか。事態の本当の深刻さと真摯に向き合い、この列島に住む人々が出せる力を出しあっていかなければならない時に、旧来の日常を単純に取り戻そうとでも言うのか。何故、子どもたちを守ろうとしないのか。何故、百姓を、漁師を守ろうとしないのか。

何故、こうも易々と、放射能は安全ですと言えるのか。体に影響はありません、原発の近くにも近いうちに帰れます、などと、明かな嘘が平気でつけるのか。何故、臭い物に蓋をして通り過ぎるような態度が、こうも易々と取れるのか。いずれは自分たち自身に降りかかってくるだけであるのに。

原発のすぐ周辺を中心に、日本列島に住む多くの人が深刻な健康被害に曝されても、この国の政府、産業界、学術界、報道界その他は平気であるということのようだ。地域や職域によっては、こうした欺瞞に乗ることを拒否しようとする人々を排斥しようとする動きさえ伝えられる。惨事や健康被害のことを口にすることさえできなくなりつつある。しかし何故、ある種の人々は自己の子孫たちの生存を危うくするような欺瞞を、平気で振り撒くことができるのか。

原子力発電所は巨大な利権の構造の中に置かれている。政治家も官僚も学者もマスコミも、皆、この構造に雁字搦《がんじがら》めになっていて、言わば操《あやつ》り人形の役を積極的に買って出ているということであろうか。そうした見方は一面あたっていようが、敵を見誤らないためにも私たちは、時間的にも空間的にも、もっと広い視野で問題をとらえていかなくてはならない。

私たちが今直面させられている問題は、実は二五年前のチェルノブイリの惨事の後で起こったことの繰り返しであるとも言える。それでは、少しばかり、歴史を遡ってみることにしよう。

## チェルノブイリの惨事

一九八六年四月二六日午前一時（現地時間＝GMT二五日午後一〇時）台に、ソ連邦ウクライナ共和国のチェルノブイリ市に近いレーニン発電所で四号原子炉（RBMK一〇〇〇型黒鉛炉）が暴走し、二三分頃に爆発した。炉心が溶融し、黒鉛の発火による発電所の火災は五月中旬まで収まらなかった。全体をコンクリートの「石棺」で覆う作業が八八年末まで続いた。この間の作業に五〇万人とも八〇万人とも言われる人々が動員され、多かれ少なかれかなりの線量の被曝をすることになった。

惨事の直後に発電所の様子を撮影した空撮の映像が残されているが、この撮影を敢行した人たちがほどなく死亡したのを始め、この動員された「後始末人」たちの中からは数多くの犠牲者が出たと言われている。本書に出てくる、モスクワから動員されて亡くなった男たちの未亡人の会には、一〇〇〇人を越える会員がいたと言う。またセミパラチンスクにあった死者たちの銘板についても語られているが、そうした死者たちを家族から出した人々は、旧ソ連の至るところにいたのである。彼らはどういう風に死んでいったのか。

アンドレオーリとチェルツコフのドキュメンタリー映画「犠牲」では、映像作家たちはベラルーシの小さな村に出掛けていき、その近隣から動員されていった男たちに集まってもらって話を聞いている。現場で作業をした後、表彰状のようなものを貰ったが、そんなものに何一つ価値があるわけではなかった。全員が体の調子が悪い。一人の男は椅子に座ったままだ。手足に痺れがあり、立って歩くのは楽ではない。数年後、作家たちは再びその地を訪れる。先に座っていた男は、車椅子の生活になっている。他の人たちはどうなったのだろう。家に閉じ籠ったままの生活。「悪夢だ。思い出さない方がいい。遠い昔のことだ。いや、そんなんじゃない」。数年後、男は一枚の写真として枠に飾られている。妻は一人きりになった。男は肉も骨も、ぼろぼろに崩れていったのだ。骨が露出し、足の中に手を入れることができた。そうして毎日毎日、彼女は助かる見込みのない夫の体を消毒した。激しい痛みにじっと耐えながら、夫は死んでいった。強い被曝を受けた人には、通常では考えられないような症状が様々に現われる。免疫系が失われ、人の肉体は崩壊の過程へと落ち込んでいくもののようだ。

何万人とも知れないこうした死者たちは、しかし国際社会には認知されていない。九〇年代の始め頃にWHOは、動員された「後始末人」の間の死者たちの数は全部で三〇人程度であると言っていた。今はその倍くらいの人数であると言っている。

環境に放出された放射性物質の量は明らかではないが、広島原爆の九〇倍などと説明されている。国連の機関UNSCEARが二〇〇八年に出している推定によれば、セシウム一三七が八京五〇〇〇兆ベクレル、沃素一三一が一七六京ベクレルである。これらが周辺地域に拡散し、また北半球では気流に乗って周回したため、日本のような遠方まで含めた広範な放射能汚染を残した。しかし、汚染がもっとも集中したのは発電所にすぐ隣接する、ベラルーシ共和国のホミェリ地区と、ウクライナ共和国のジトーミル地区であった。

ソ連邦当局は大量のバスを動員して、事故の三〇時間後には近辺からの住民の避難を開始した。発電所の北方に発電所のために建設されたプリピャチ市の労働者住宅などでは、ほとんどの住民が強制移住の対象となった。しかし移住先の確保の問題等があって、この移住作業は暫く後に停止された。当局は詳細な汚染測定を実施し、強制移住地域も詳細に設定された。例えばベラルーシでは一九九〇年七月に一平方キロメートルあたり一五キュリー（五兆五五〇〇億ベクレル）を越す地域の住民を避難させる決議をした。一一万人ほどが対象となった。しかし、移転先住宅の建設が進まないでいるうちにソ連邦の解体を迎え、多くの人たちが未だに汚染の強い地域に住み続けている実態がある。また、移住先で生活がうまくいかず、汚染地域に戻ってしまった人たちもかなりいるようだ。

ベラルーシやウクライナでは毎年、国家予算の四分の一ほどが、惨事の後遺症の処理に消えていくが、本当はその何倍もが必要なのだ。その限られた予算額も、実際には滅多に確保されない。経済は順調ではない。国の舵を取っていくにも、余りの重荷を抱えているのだ。

惨事による沃素一三一の放出によって、甲状腺の癌が平均四年の潜伏期間を経て、主に小児や青少年に発症した。控え目な数字しか出してこないフランスのＩＲＳＮ（放射線防護原子力保安院）の発表によっても、惨事による、当時一八歳以下だった人の甲状腺癌の発症例は、ベラルーシ、ウクライナ、ロシア三国合せて六八四八件ある。これは甲状腺切除の手術の件数でもあり、うち一五人が死亡したと言う。ベラルーシやウクライナには充分な医療設備やスタッフを充当する経済力がなく、西欧や日本などから多くの援助が入り、医師なども派遣された。

しかし放射能による健康被害はこれに留まるものではなかった。

農地も水系も山々も、セシウム一三七を始めとする放射性核種によって広範に、高濃度に汚染されているのだ。そのことはすなわち、パンも野菜も牛乳も肉も魚も、すべて汚染されていることを意味する。発電所のすぐ周辺の高濃度に汚染された地域では、農作物の作付は禁止された。食料品店には、遠方から運ばれたきれいな食品も並んではいるが高価である。しかし、発電所周辺の地区では産業も崩壊し、人々は貧しい。庭にじゃが芋を植えて収穫したり、森に入ってきのこや野苺を採って食べなければ、生活が成り立たない世帯も多い。

内部被曝のことや、低線量被曝の危険性については、充分に認識されていなかった。食品のセ

茸など野生植物の採集制限区域

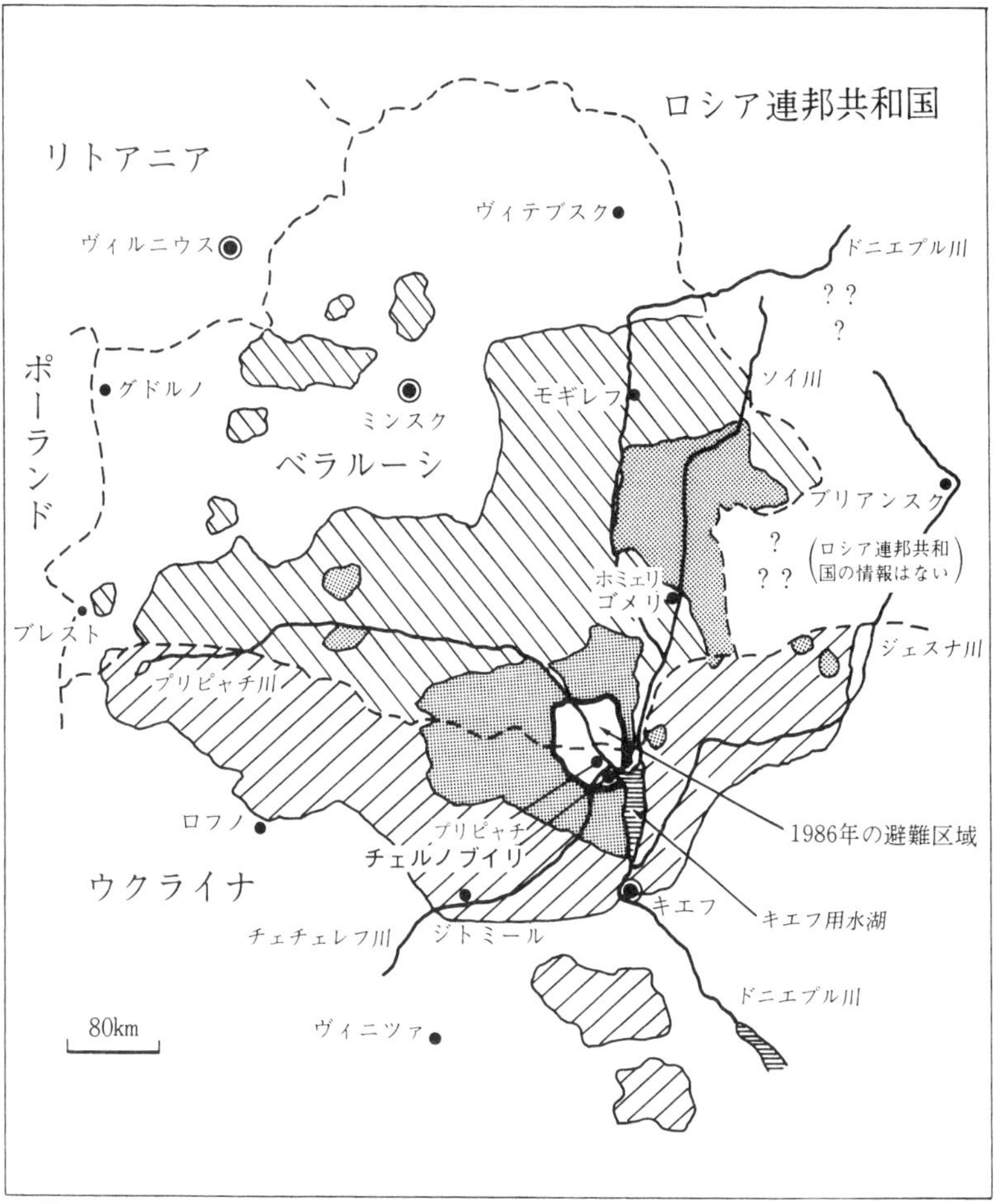


▨ 採集禁止区域（キエフ用水湖では釣りも禁止である）
▨ 採集可能であるが放射線検査が必要な区域

ブリアンスクとモスクワの距離は350キロメートル

ウクライナ：1989年７月５日付の『ウクライナ・プラウダ』紙より。
ベラルーシ：1990年５月20日付の『スビアズカ』紙より。
ロシア：情報なし

出典:『チェルノブイリの惨事』（緑風出版）より

シウム濃度・プルトニウム濃度の基準値も、はじめのうちは甘いままだった。被災者たちの間に疾患が続出するのに驚いた政府は、一九九〇年代になって比較的厳しい規制値を取るようになったが、その後も改定される度に数値を厳しくしていった。ウクライナの基準値はつい最近も改定されている。

バンダジェフスキ、ゴンチャロヴァ、オケアノフなどの被災地の医学者たちやネステレンコなどの物理学者たちは、体に取り入れられた放射能の作用を精力的に研究し、同朋たちの悲劇を最小限に留める道を探った。放射性核種はその種類により、また人体の部位により、違った蓄積の仕方をすることが分かってきた。放射性核種はその固着した場所から、ミクロン単位の距離にある細胞を攻撃し、ＤＮＡの紐を切断する。また水の分子を破壊し、遊離した水素、酸素、水酸基を生成する。

食品によって体内に取り込まれた放射性核種による被曝で、あらゆる種類の病気や障害が生み出される可能性のあることが分かってきた。その中でも、高率で発生すると考えられているのが、心筋疾患、糖尿病、白血病を含む各種の癌などである。これらは通常の病状とかなり違う発病の仕方をし、進行の仕方も異なることが多い。幼児でさえ、重篤な糖尿病になる。また、放射能は発病の原因となるだけでなく、別の原因によると思われる病気の状態を、通常よりも重くすることがある、ということなども分かってきた。

また放射能は遺伝子を損傷し、これによって生殖能力の損傷や、畸形などが多く発生し、悲劇を生んでいる。アイルランドに本拠を置くチェルノブイリ子ども基金が、ベラルーシにずっと通ってこの問題と取り組んでいる様子は、「チェルノブイリハート」という映画になって日本でも公開された。経済が破綻している社会では障害者の世話を充分にするのはほとんど困難である。バリアフリーの構造物など夢のまた夢でしかなく、家族や近隣の人々にすべてが降りかかる。重い障害を抱えた児童の世話を親がしきれず、放棄してしまうような事例も少なくない。

遺伝子損傷の問題がさらに深刻なのは、これが一世代の問題でないからである。有性生殖では双親の遺伝子が揃わなければ損傷は形となって現われないので、劣性遺伝子の損傷の場合、幾世代も経て始めて表面化することになる。しかもその損傷を将来の世代が修復するようなメカニズムがあるわけでもない。

汚染の厳しい地区では、惨事より後で出生した子どもたちの間に、様々な障害や症状が観察されている。九割を越える子どもたちに異常があって、「この辺りに健康な子どもはいません」という話が、あちらでもこちらでも聞かれるのだ。しかし、人々の健康を巡るこうした厳しい状況もまた、国際機関からは否認されているのだ。

「IAEA（国際原子力機関）／EC（欧州委員会）／WHO（世界保健機関）の国際共同会議での報告どおり『チェルノブイリ周辺では一九九〇年から激増している小児甲状腺がんのみが、唯

---

訳注　山下俊一「チェルノブイリ原発事故後の健康問題」pdfファイル

一事故による放射線被ばくの影響である』、と世界中の科学者が合意している」と、後にWHOに派遣されることになる山下俊一が、一九九九年に得々と述べている通り(注)、甲状腺癌以外の症状は国際機関によってすべて切り捨てられたのだった。

「被災者に支援を与えるどころか恐怖を煽《あお》っている」：これは放射線の影響に関する国連科学委員会（UNSCEAR）が、その当時、国連人道問題調整局（OCHA）に対して浴せた非難である。IAEAやUNSCEARが認めようが認めまいが、人道支援に現地に赴いている人たちの目の前には、膨大な数の具合の悪い人たちがいるのである。ところが、甲状腺癌以外について語ることは、恐怖を煽《あお》る行為として弾劾されるべきだと言うのだ。苦悩する被災者たちに寄り添ってはいけないのだと彼らは言う。

具合の悪い人たちは、ではなぜ存在するのか。酒を呑み過ぎたからである。西欧にたかりたいからである……恥かし気もなく、学者たちは愚にもつかない説明を論文にする。WHOの公式な報告会議の場に、そうしたたちの悪い議論が持ち込まれ、承認されていく。本来、被災者たちの健康を守る先頭に立つべき国連の機関が、被災者たちをあからさまに切り捨てるというところに、事態の異様さがあった。

ウクライナやベラルーシの代表は始めのうちは、国際会議でのそうした理不尽な動きに抗議をしていた。しかし、惨事で経済状態の悪化した両国は、欧米やロシア、日本などの援助に頼らざるを得ず、やがて沈黙を余儀なくされていく。そして独裁者ルカシェンコのベラルーシは、被曝の医学的真実を追求してきた国内の学術機構を解体する。中心的な人物であったバンダジェフスキには腐敗した人物のレッテルが貼られ、ネステレンコには刺客が放たれる。

## 根源へ

ここまで読み進めてきた読者には、福島を巡って日本で繰り広げられている状況の中での、政府・財界・マスコミ等の振舞が、チェルノブイリの惨事後の二五年の間に国際社会の中に敷かれてきた路線を、踏襲したものなのだということに、気付いていただけたことと思う。

事故があっても、それはたいしたことではない。作業で被曝をすれば多少の死人怪我人が出るし、沃素を吸えば、多少甲状腺癌が出るくらいのものだ。他にも具合の悪くなる連中は色々と出てくるかもしれないが、それは本人の根性が腐っているからに過ぎない――こうしたとんでもない認識が、国際社会で合意されているからこそ、枝野幸男は「直ちに影響はありません」と繰り返せたのだし、山下俊一は「一〇〇ミリシーベルトでもニコニコしていれば大丈夫です」と言えるのであるし、小沢一郎は子どもに魚を食わせるパフォーマンスをすることができる。放射能と一緒に天から降ってきたような魑魅魍魎《ちみもうりょう》たちは、実はチェルノブイリクローンに過ぎなかった。

チェルノブイリの惨事後の過程の中で、こうした状況を作り出す中心的な役割を担ったのは、人々の健康を守るのが仕事のはずのＷＨＯであった。本書に収めたテキスト群には、その過程が描き出されている。ＷＨＯの報告会議の中で、健康被害へのまっとうな言及がいかに禁圧されていったか、そしてその背後には何があったのか。

ＷＨＯは国連の下部機関だが、国連には他にも幾つもの下部機関がある。そうした機関どうしの関係は並列のはずだが、現実にはそうではない。実はＷＨＯは建前とは大きく異なって、国際原子力機関（ＩＡＥＡ）の支配下に置かれているのだ。ＩＡＥＡは国連の機関で、民生用原子力の監視と調整を行うのだが、民生用原子力の存否そのものに関しては絶対的な推進派の機関であって、中立ということは始めからありえない。そもそもがプロモータ機関として設立されたものなのである。そのＩＡＥＡとＷＨＯとの間には一九五九年に交された協定が実は存在するのだ。これがＷＨＯの手足を縛って、ＩＡＥＡの走狗としての動きをせざるを得なくしていくという経過がある。

ここで思い起さなければいけないのは、国連というもののそもそもの成り立ちである。一九四五年六月二六日に設立されたこの機関は、第二次世界大戦中の一九四一年にフランクリン・ルーズベルトとウィンストン・チャーチルとの間に結ばれた大西洋憲章、一九四三年にこの英米二国にソ連を加えて開かれたテヘラン会議などを経て、戦勝国を中心に大国相互の利害を調整し、安定した世界支配体制を作ろうとするものであった。その執行権力は安全保障理事会が握り、構成一五カ国のうちの五カ国は常任で、理事会の議決でどのようなことが決まろうとも、拒否権を行使することができる。すなわち、国連はその成り立ちからそもそも、大国中心の不平等な組織なのだが、中でもアメリカ、イギリス、ソ連（現ロシア）、中国、フランスという五カ国が、特権的に覇権を行使する場でもあるのだ。

そしてこの五カ国が同時に、核兵器を誇示しつつ世界を威圧している「核の五大国」である。民生用原子力というのは歴史的経緯からも明らかなように、核兵器の派生物でしかない。ＩＡＥＡが特権的に強い力を行使し、ＷＨＯよりも上位に立ち続けることができるのは、そうした五大国に直結したポジションを取ることができるからに他ならない。こうして見てくると、第二次世界大戦後の大国連合による世界支配体制が、人々の命と暮らしを押し潰してきた、その縮図がチェルノブイリであったとも言えるし、また福島で今起っていることなのだと考えることができよう。

もちろん、一方ではまた原子力はビジネスの問題であり、利権の問題である。ＩＡＥＡには核ロビーと言われるものの陰が常につきまとっていることは間違いない。しかし表立っては、ロビーはむしろ各国の官僚やマスコミや御用学者を通した動きをするものと思われる。

最後に、本書の範囲を逸脱するが、まったく別のパースペクティヴにも触れておくならば、原子力は地球規模で展開する現代的な全体主義の問題として捉えることも可能である。科学技術主義をイデオロギーとするこの空虚な構造物、原子力発電所が実際には湯沸器に過ぎないのにも似て、ただの歯車装置に過ぎないこの無様《ぶざま》な化物にとって、原子力は妄想の火を燃やすために不可欠な祭壇なのであろう。

その火を、私たちは消さなければならない。

# 著者紹介

## ミシェル・フェルネクス

一九二九年四月二日、スイスのジュネーヴに生まれた医学者である。初め、ジュネーヴの大学医学部で学んだが、その後、パリ（フランス）、マルメ（スウェーデン）、ダカール（セネガル）さらにバーゼル（スイス）で研究を続けた。熱帯地域の伝染病に強い関心を抱き、アフリカ奥地での僻地医療に志願して、マリ、ザイール、タンザニアで仕事をしたが、フランスやスウェーデンでも業績を残している。バーゼル大学教授を長年務め、後、名誉教授の座に就く。

特にマラリアと糸状虫（フィラリア）による感染症に関してはすぐれた専門家であり、WHOで一五年にわたって専門委員をつとめている。この間にチェルノブイリ事故があり、部会が違うとは言え、出入りしていたWHOが、この現代のもっとも深刻な健康被害に先頭に立って向かい合

レストランで食事もそっちのけに議論にふける、ユリ・バンダジェフスキとミシェル・フェルネクス。
2010年春、フランス・アルザス県、ケイゼルスベールにて。(「ドニエプル川」54号より)

うことを期待したが、そうはならなかった。WHOはむしろ事態の隠蔽の先頭に立つようになっていくのであるが、そうした動きの背後に何があるのか、それを発見していった過程が、本書の軸になっている。

ベラルーシやウクライナでは医学者たちが、同朋の健康被害を最小限度食い止めようと働いていたが、そうした努力が、原子力ロビーと経済崩壊に瀕した小国の官僚たちとの、連携プレーとも思える動きによって次々と潰されていく過程を、間近に目撃することになったフェルネクスは、反原発の活動家であった夫人と共に、この問題に深くかかわるようになる。とりわけ故ネステレンコのベルラド研究所に対する支援活動や、バンダジェフスキの釈放・復権支援活動などでは、中心的な役割を果してきた。

ここ一〇年ほどの彼の活動の舞台は、「チェルノブイリ／ベラルーシの子どもたち」（Enfants de Tchernobyl Belarus：略称ＥＴＢ）という団体であった。結成されたのは二〇〇一年四月二七日。設立メンバーは次の六人であった。ソランジュ・フェルネクス、ヴァシーリ・ネステレンコ、ガリーナ・アケルマン（スヴェトラナ・アレクシエヴィチ著「チェルノブイリの祈り」の仏訳者）、ヴラジーミル・チェルツコフ（ドキュメンタリ映像作家、元スイステレビのスタッフ）、ミシェル・フェルネクス。初代代表はソランジュ・フェルネクスであった。

夫人の死という辛い出来事があり、ネステレンコも亡くなり、活動の中心も若い世代に移りつつあるが、フェルネクスの信念と学識に裏打ちされた強固な主張は今も揺るがない。

さて、本書ではミシェル・フェルネクス以外に二人のテキストを収録している。

## ソランジュ・フェルネクス

二〇〇六年に癌で亡くなった、ミシェル・フェルネクスの夫人である。一九三四年、アルザスのストラスブールに生まれている。アルザスは国家への所属が何度も変わったが、少なくとも人生の後半、彼女はフランス人であった。六歳の時に戦争で父を失い、少女時代から反戦、非暴力

（左から右へ）ソランジュ・フェルネクス、ミシェル・フェルネクス、ガリーナ・バンダジェフスカヤ、ヴラジーミル・チェルツコフ、ヴァシーリ・ネステレンコ、イリゼ・ネステレンカヤ
2000年10月、ビデルタルのフェルネクスの住まいの近傍にて（「ドニエプル川」48号・ネステレンコ追悼特集より）

の思いが強かった。ミシェル・フェルネクスと結婚、アフリカの僻地で第三世界の苦しみを知り、また母となった。

まだエコロジーという言葉が耳慣れない一九七三年に、フランスの下院選挙では、アンリ・ジェンという鳥類保護の活動家がミュルズの選挙区から立候補している。フランスの制度では、各候補者がそれぞれに自分に事故等があった時のための補欠を用意することになっている。この時、ジェンの補欠になったのがソランジュだった。一九七四年からの四年間、「アルザス＝自然」という団体の代表をしている。これは、ステアリン酸鉛製造工場の建設反対運動であった。一九七七年にはフェスナイムの原子力発電所の稼動に抗議して、七人で二四日間の断食をしているが、グループの牽引役は彼女であったと言われている。一九七九年に欧州議会の最初の選挙があった時に、ヨーロッパエコロジーという名前で比例代表の候補者名簿が作られたが、その筆頭になって選挙戦の中心になったのは彼女だった。一九八四年にフランスに緑の党が誕生した時の中心メンバーの一人であった。フランスの緑の党は単なる環境保護の政党ではなく、非暴力、平和、反貧困、反差別など幅広い視点をもった政党だが、同党の理論家アラン・リピエッツによれば、緑の党にフェミニズムの視点を強力に導入したのが、まさに彼女であったと言う。一九八九年の欧州議会選挙では議席を獲得し、一九九四年まで議員であった。ジュネーブの国際平和事務局の副代表を一九九四年から四年間、「平和と自由のための国際女性同盟」のフランス支部長を一九九五年から二〇〇三年までつとめていた。二〇〇一年には、「核のない未来賞」を受けている。彼女の事績のリストはまだまだ長いが、このへんにしておこう。

## ロザリー・バーテル

カナダ在住のロザリー・バーテルはミシェル・フェルネクスと同じ一九二九年の生れである。時と場合によって様々な肩書で紹介されてきたこの女性を、要約的に説明するのは難しい。アメリカ生まれのバーテルがカトリック大学で博士号を取った時の研究テーマは、生物の研究で統計をどう使うかに関する、数学的な考察であった。そんな関係から彼女は数学の教師をしたこともあるのだが、それは多彩なキャリアの一エピソードに過ぎない。

ラズウェルパーク癌研究所という高名な施設で長年研究をしていたのだが、この時に、医療分野での放射線の乱用に気付いたのが、原子力に対する疑問のきっかけになったと言われている。チェルノブイリの惨事に先立つ一九八五年に低線量被曝に警鐘を鳴らす啓蒙書『ただちに危険はありません』を出版している。一九八六年には、生命空間の破壊への警鐘を鳴らし続けてきた功績で、ライトライブリフッド賞（対抗ノーベル賞）を受賞。

一九九六年にはチェルノブイリ国際医師会議を創立した。被曝の危険欧州委員会の二〇〇三年勧告の著者でもある（クリス・バズビーと共著）。彼女の関心は原子力の分野に留まらず、ボパール事故にも大きくかかわってきたし、アメリカの電離層研究（ＨＡＡＰ）の危険性を訴え続けてもいる。

そしてこの活動的な科学者は一方、フィラデルフィア聖心教会所属の灰色修道女でもあるのだ。

## 各章の概要

さて、各章の成り立ちについて概観しておこう。

### 第一部　WHO─IAEA合意、チェルノブイリ、そして福島

**原題 Fukushima, Tchernobyl : « L'OMS répète les chiffres de l'AIEA »**

フランスのWEB新聞「八九通り」に、二〇一一年四月六日に掲載された、インタビュー。

福島の惨事後のフェルネクスの発言には、「アルザス」紙の三月二〇日のインタビューや、八月二一日の講演などもあるが、ここでは本書の問題関心へのイントロダクションとして簡潔明瞭なこの「八九通り」のものを選んだ。

## 第二部　チェルノブイリの惨事と健康
### 原題 La catastrophe de Tchernobyl et la santé

一九九九年七月一三日に、ベラルーシでチェルノブイリの惨事の人体への影響を精力的に研究していた、医学者バンダジェフスキ教授がテロリズム容疑で突然逮捕されるという事件があった。容疑にはまったく根拠がなく、半年後に釈放にはなったが自宅軟禁状態に置かれることになった。ヨーロッパを中心に、それまでチェルノブイリの救援活動をしていた人々や人権活動家などの間に、教授を守ろうという運動が起り、フェルネクス夫妻も中心的な役割を果すことになる。この論文はそうした中で二〇〇〇年に執筆され、印刷されて多くのＮＧＯに郵送された他、請願に署名した個人に届けられた。

この論文の中で問題にされているのは、ＷＨＯという世界の人々の健康を守る使命を与えられた組織の中で、原子力を巡る健康被害という、もっとも重大な問題が次々と消去されていく過程である。ベラルーシやウクライナで様々な形で苦しんでいる人々の存在が、そこではまるでかつての不条理劇の場面でも見るかのように、次々と否認されていくのを、著者はＷＨＯの数次の会議の席で目のあたりにしたのだが、本稿はその貴重な証言である。

なぜＷＨＯはその基本使命を放棄するのか。その背後に、著者は一九五九年にＷＨＯがＩＡＥＡと締結した合意文書の存在を指摘する。国連常任理事国つまり核の五大国と直結したこの国連下部機関は、すなわち原子力推進機構であり、ＷＨＯはその下に組み入れられてしまっているのだ。

このような体制のもと、苦しむ被害者たちへの援助は届かず、真実を伝えようとした研究機関は解体され、学者たち、医師たちは迫害を受けた。そうした中、遺伝子の損傷はさらに拡大し、現地の人々をまさに核のラーゲリの中に閉じ込めようとしているのである。

## 第三部　チェルノブイリ人民法廷より

続く三つの章は一九九六年四月にウィーンで開かれたチェルノブイリ人民法廷から取られている。

常設人民法廷Tribunale Permanente dei Popoliはイタリアの人権派弁護士で社会党議員だったレリオ・バッソの遺志を継ぐ形で設立された、国際的な市民法廷であり、イタリアのバッソ財団によって運営されている。

一九七九一一月、ブリュッセルで西サハラをテーマに第一回が開かれ、一九九六年四月のチェルノブイリ・セッションは第二六回めにあたる。これまでのテーマと開催地を幾つか拾ってみると

第七回　東チモール（一九八一年・リスボン）
第一九回　国際通貨基金と世界銀行の政策（一九九四年・マドリード）
第二三回　旧ユーゴスラヴィアでの、人道への犯罪（一九九五年・ベルン）
第二四回　子どもと未成年の人権侵害（一九九五年・ナポリ他）
第三〇回　多国籍企業（二〇〇〇年・ウォーウィク）
第三二回　アルジェリアの人権侵害（二〇〇四年・パリ）
第三六回　スリランカとタミル人（二〇一〇年）

と多彩であるが、人権侵害への告発が一本の筋として貫かれていることが見て取れる。

チェルノブイリの惨事が起こったのが一九八六年の四月であり、一〇年目の節目に当っていた。チェルノブイリ法廷が開かれたウィーンでは、それに先立って四月の八日から一二日にかけての五日間、ＩＡＥＡの報告会議が「チェルノブイリから一〇年」と題して開催され、法廷運営者には、当然、それに対抗する意図があったと思われる。閉鎖的なＩＡＥＡの会議に対し、関心をもった世界中の市民に開かれた会議であることが主宰者の目指すところであったはずである。

ベルギーの国際法学者フランスワ・リゴが裁判長をつとめ、判事はエルマ・アルファタ（経済学者・ドイツ）、フレダ・マイスナ＝ブラウ（エコロパ社社長・オーストリア）、スレンドラ・ガデカル（原子物理学者・インド）、コリン・クマル（社会学者・チュニジア）、岡本三夫（平和学者・日本）の五人がつとめている。証言者としては、フェルネクス夫妻の他、ベラルーシの原子物理学者ネステレンコ、アメリカのジェイ・グールドなどの顔も見え、日本からも医師や長崎の被爆者が参加して証言をした。

ソランジュ・フェルネクスによって編集された、この人民法廷の包括的な報告集は、英語、フランス語、ドイツ語版の三種類が出版され、さらに後にロシア語版、ウクライナ語版も作られた。

## 第一章　ICRPについて

**原題 Tchernobyl: à propos de la CIPR**

チェルノブイリ人民法廷の第一日めに冒頭、総論的な証言が二人の人物によって行なわれている。まず人権専門の法学者の立場から法廷事務局のトニョーニ博士が発言し、続けて、医学者の立場から、ロザリー・バーテルが発言した。その後、幾つかのテーマを順に追っていく形で三三名が証言をしている。「ICRPについて」はロザリー・バーテルの証言である。バーテルの立ち位置はフェルネクスと共通点があるが、射程はやや異なる。フェルネクスの希望によって、本書に含めることになった。

IAEAの会議にぶつけて開かれたこの法廷の参加者に向けてバーテルは、IAEA批判にとどまっていては問題は解決しないのだと、注意を促している。そしてＩＡＥＡ－ＩＣＲＰの詭弁の構造を分析しつつ、原発事故は年月を経て収束に向かうものではなく、逆に膨らんでいくものなのだというヴィジョンを提示している。

## 第二章　チェルノブイリ周辺の畸形
**原題 Les mutations dans la région de Tchernobyl**

法廷が幾つかのセクションに分けて順次、進行していく中で、第四部が遺伝子損傷と畸形にあてられていた。ここに訳出したのは、ソランジュ・フェルネクスによる新生児の畸形をめぐる発表で、ヘセ＝ホネガーによる昆虫の話に続いて行なわれた。

クズネツォフの映画、ロシュのグループの写真、ゴンチャロヴァとスルクヴィンによる鯉の研究が次々と紹介されていき、放射線被曝の催畸形性が、まさに否定しようのない現実としてベラルーシの人々の上にのしかかっている様が、要約的に報告されている。

畸形の問題は健康被害を考える上で避けて通ることができない。「畸形」という語を嫌う向きもあるが、しかしこの問題を直視しなかったり、直視しないように仕向けたりする人が障害者の友人であるはずもなく、ありのままの真実と向き合うことが、まず第一歩であると考える。

## 第三章　チェルノブイリに関する公式会議について

**原題 A propos des congrès officiels（OMS, AIEA…）sur Tchernobyl**

第七部、「各国内および国際機関の反応」というセクションの中で、日本から参加した振津かつみ医師の発表に続いて行なわれた、ミシェル・フェルネクスの発表である。

ここでフェルネクスは前の一月二二〜二三日に行なわれたＷＨＯの会議と、この裁判の直前にウィーンで開かれていたＩＡＥＡの報告会議とを俎上に載せ、そこで展開された詭弁の構造を分析している。科学の言説が、事実の隠蔽に効果的に使用可能であることに、警鐘を鳴らしている。

# 第四部　バンダジェフスキを巡るインタビュー

**原　題 Interview réalisée par Madame Ballentein de La Ligue Internationale des Femmes pour la Paix et la Liberté（WILPF）, et par le Professeur Andreas Nidecker de Médecins pour la Responsabilité Sociale（PSR）**

このインタビューは題名らしいものがないままに、インタビューをした人々の名と身分のみを記した右記のような表題で、バンダジェフスキ委員会のＷＥＢサイトに掲載されているものである。

二〇〇一年六月一八日、バンダジェフスキ教授に八年間の矯正収容所生活という有罪判決が下った。その後、二〇〇二年六月には「真理と正義への権利のためのバンダジェフスキ委員会」が結成されるが、そうした情勢の推移の中で行なわれたインタビューである。

意図的なフレームアップに苦しんでいる教授に対して、その学説がまったく無効であるとする攻撃に、西欧でも多くの学者たちが加わった。フェルネクス夫妻はこれに対して、バンダジェフスキの仕事の重要性を訴え、断固、擁護する。

## 第五部　チェルノブイリの惨事は成長を続ける一本の樹

**原題 La catastrophe de Tchernobyl est un arbre qui pousse**

チェルノブイリ被災者の支援団体「チェルノブイリの子どもたち」（本部はフランス・アルザス地方コルマールの郊外にある。フェルネクス夫妻が主宰していた「チェルノブイリ／ベラルーシの子どもたち」とは別の団体）の機関誌「ドニエプル川」Le Dniepre の二〇〇八年六月号に掲載されている論文である。因みにドニエプルはモスクワの西方二〇〇キロメートルほどの山地に源を発し、本書で度々話題になるベラルーシでもっとも汚染されたホミェリ地区を抜け、チェルノブイリ発電所の間近を通り、ウクライナの首都キエフの中心を抜け、最終的には黒海に注ぎこむ川である。

福島の惨事によって再び議論が再燃するまで、原子力発電を巡る危機意識は世界的にやや薄らぐ傾向があった。原子力ロビーの体現者たちは事故後二十数年が経過したのを踏まえ、もうチェルノブイリの事故は終りました、皆さん、お忘れなさい、という方向性をますます強めていた。しかし、惨事は時間が経っても収束しないのである。原子力による惨事は終わりがない。福島の惨事もそうだが、今、起こっていることはすべて、ほんの開始時期のエピソードなのである。そして、たとえ見たくない人々がどんなに目を瞑《つむ》ろうとも、惨事はこれから未来に向かって、大きくなり、枝葉を伸ばしていく。それは月の桂のように決して倒れない一本の樹なのだ。これは想像したくないことだ。だが、私たちは見なくてはいけない。そしてこの厳しい現実の中をしっかりと生きていかなければならないのである

二〇一二年一月

竹内雅文

# 第一部　WHO―IAEA合意、チェルノブイリ、そして福島

ミシェル・フェルネクス

**八九通り**(訳注1)：世界保健機関（ＷＨＯ）(訳注2)と国際原子力機関（ＩＡＥＡ）(訳注3)の一九五九年合意、ＷＨＯ一二—四〇という名の文書ですが、どういう経緯で生まれたのでしょう。

**ミシェル・フェルネクス**：一九五六年に、ＷＨＯは遺伝学者たちを集めて、こういう設問をしました。

「原子力産業が発達していき、人々が被曝を受ける機会も増えていこうとしている。被曝は人体にどんな遺伝的な影響を与えるか」。

作業グループには有名な医者が何人も入っていて、うち一人は遺伝学でノーベル賞を受賞しています。報告書の結論はこうでした……。原子力産業は放射能を増大させ、結果として一般の人々の間に変異を引き起す。個々の人にとって有害なだけでなく、子孫にも害は及んでいく……というのです。

この警告は国連をだいぶ不安にしたのです。そして、国際原子力機関（ＩＡＥＡ）を一九五七年に設立されました。わずか一年後です。ＩＡＥＡの設立趣旨は憲章によりますと「全世界の平和と健康と繁栄への、原子力の貢献を加速し、増大する」ですが、翻訳しましょう、商用原子力を推進する機関だと書いてあるのですね。

ＩＡＥＡは国連のあらゆる下部機関と協定を締結しました。この時に、いろいろとおかしなことになったのですね。まあ、協定の存在そのものは特別なことではないかもしれませんが、このWHOとの協定は、他のとはちょっと違うのですよ。

例えば、機密を要する分野があると言うのですが、どの分野とは言っていません。こういうことは、WHOの憲章とまるで相反するものなのです。核の危険性という口実のもとに秘密が維持されていくと、世論はどうなりますか。それはあってはならないことですよね。

この合意文書（訳注4）にはもう一点、こういうのもあります。二つの機関は双方が共に関心を有するプロジェクトについては必ず、合意していなければならない、というのですね。それがどういうこ

---

訳注1　**Rue89**　フランスのWEB新聞。数年前の「リベラシオン」紙の内紛の際に袂を分かったジャーナリストたちによって運営されていた。八九はフランス革命の一七八九年、ベルリンの壁崩壊の一九八九年からきているという。二〇一一年一二月二一日の報道によると、「ヌヴェル・オプセルヴァトゥル」誌の傘下に入った模様。なお、ここでインタビューをしているのは**Andrada Noaghiu**という東欧出身のジャーナリストである。

訳注2　**Organisation mondiale de la santé**　一九五四年の国連の創設時に、同時に創設された下部機関。本部はスイスのジュネーブにおかれている。正式名称、略号ともに英語とフランス語が併用され、フェルネクスの原文ではフランス式にOMSと表記されているが、本訳書ではWHOとする。

訳注3　**Agence internationale de l'énergie atomique**　一九五七年設立の国連の下部機関。原子力の平和利用を進めるための機関と位置付けられていて、二〇〇五年にはノーベル平和賞が与えられている。オーストリアのウィーンに本部が置かれている。以下、本訳書では英語式の略号IAEAを使用する。

訳注4　巻末にこの合意文書を収録してある。（二〇六頁）

とを意味するかは、チェルノブイリの時にはっきりしたわけです。

**八九通り**：チェルノブイリの惨事の時と、今日、福島に対してとで、ＷＨＯの動きに似た点があるとお考えですか。

**フェルネクス**：不在という点が共通しています。奇妙な不在です。データを収集し、提供するために、やるべきことが沢山あるでしょう。それなのにＷＨＯは何もしていません。ＩＡＥＡが出してきた数値を、そのまま繰り返してみせただけなんです。日本に行って、ＷＨＯを捜してご覧なさい。影も形もありませんよ。ＷＨＯはいません。始めからずっといるのは、ＩＡＥＡです。原子力の大事故が新たに起こっているのに、ＷＨＯは完璧に姿を消してしまったのです。ＷＨＯはそのうち、病人の数が四〇人だとか五〇人だとか、五〇〇〇人だとか、あるいは五〇万人だとか言うことでしょう。何人になるかは、ＩＡＥＡの出してくる数値次第ということです。

**八九通り**：死者や病人の数を、誰か人が「決定する」と言われたいのでしょうか。

**フェルネクス**：チェルノブイリでは、まさにそういうことが起こったのですよ。……私は二〇〇四年のジュネーヴでのＷＨＯのフォーラムに行きました。ＩＡＥＡを代表している人物が、三日間にわたって、フォーラムの座長を務めていました。
冒頭の話での彼の説明によれば、これから私たちはチェルノブイリでの死者が四〇万人いたのか四〇人なのか、決定するのだと言うのです。そして三日かかって私たちは三八人という結果を手にしました。どうやってか、ということですか。問題点をひとつ、丸ごと消去するのですよ。ご説明しましょう。
何の準備もしていない一人の小児医学者にいきなり質問をぶつけて、答えられなかったからと言って、科学者たちは、討論から小児医学を排除しました。

**八九通り**：ＷＨＯは、放射能は極めて短時間に大気中に拡散して薄まると言っています。ベラルーシの現場で子どもたちを間近にご覧になられて、こういう言い切り方を否定する体験をなさっていらっしゃいますよね。

**フェルネクス**：世代から世代へと、ますますたくさんの遺伝子の変異が見つかっています。汚染の激しい地域では、無気力症や白血病、心臓の畸形、若いうちの老化などが報告されてきました。それだけでなく、Ｉ型の糖尿病が増えています。両親から受け継いだのではありません。発症年齢はどんどん若くなっています。ますます低年齢の子どもたちで、乳児にさえ見られるようになっているのです。他の病気の例もいくらでも挙げられるのですが……。

土壌に溜っている放射性核種が、食物を汚染します。木々もまた特にひどいのです。人々は自由に森に入って薪を採ります。家の暖房も調理ストーブも、それで賄《まかな》うのです。そして出た灰はバケツに溜めておいて、畑の肥料にします。野菜畑の汚染は減らないだけでなく、むしろひどくなっていきます。

時間が経てば事態は収まっていく、ということはありません。その逆です。

# 第二部　チェルノブイリの惨事と健康

ミシェル・フェルネクス

# 序

チェルノブイリからの放射性降下物は北半球の広い範囲に到達した。とりわけ、その中心はウクライナの北部とロシアの南西部、そしてベラルーシ（白ロシア）の全域である。このうち、ウクライナとロシアとが受けた放射能汚染の合計の二倍を超える汚染を、非核国のベラルーシ[訳注1]は一国だけで受けたのだった。

だから、チェルノブイリの惨事以来、ベラルーシの人々が苦しんでいる諸問題の研究を、深めていくのは当然のことなのだ。しかし、核のロビーと国際原子力機関（ＩＡＥＡ）は、その強大な力を利用して、この国で得られたデータをまるで存在しないかのように、否定しようとしている。[訳注2]犠牲者たちは汚染の強い地域に住んでいる人たち、強制的に避難させられた人たち、後始末人たちを入れて二〇〇万人にのぼり、うち五〇万人は子どもたちだが、そうした犠牲者たちに対しても、国家に対しても、正当な補償はしないつもりなのである。

チェルノブイリの原子炉の爆発は国の存続にかかわる大災害であることを、強い経済力をもった国々に認めさせ、適切な援助を求めることがベラルーシの国会では議論されていたが、一九九一年の《報告書》を基にしてＩＡＥＡは、議員たちを黙らせたのである。

核のロビーやIAEAにどうしてそんなことができたのか、ベラルーシはそれにどれだけの代償を払うことになったか。これから見ていくことにしたい。今この国が苦しんでいる経済、医療、人口、社会の諸問題が、その帰結である。チェルノブイリの影響を軽減するためだけに毎年、国家予算の二五%を振り向けなければならないとしたら、結局はその目的を達成するために様々な形でそれよりずっと多くの投資をするしかないのである。こうした出費は、原子力発電所を保有する国々が負担するのが本当ではないだろうか。大事故の可能性を予測し、保険をかけておくのは産業界の常識だが、原子力産業だけはそういう義務がない。そういうことにしておかないと、原子力発電は（廃棄物の管理費用を棚上げした場合でさえ）黒字にならない。だから、民事的な補償責任を国家が肩代わりすることにもなるのだ。

---

訳注1　チェルノブイリ（レーニン）発電所はウクライナの発電所だが、ベラルーシとの国境の間近にある。事故当時、ベラルーシには原子力発電所はなかったし、今もない。しかし、現政権は二〇一七年の稼動を目指してグロドノ地区に建設する計画を進めている。一方、ウクライナではチェルノブイリ以外にもロヴノ、コンスタンチノフカ（「ウクライナ南」とも呼ぶ）、ザポリージャに原子力発電所があり、事故後さらに、クメルニツキ発電所を稼動させている。

訳注2　**ліквідатары**（ベラルーシ語）／**ліквідатори**（ウクライナ語）／**ликвидаторы**（ロシア語）チェルノブイリの惨事の現場に、旧ソ連全域から、兵士等を中心に数十万人ないしは百万人程度の人が現場に動員され、消火や原発全体を埋めこむ石棺の建設など、様々な作業に従事した。数万人規模で死者が出ている。様々な訳語が考えられるが、「後始末人」とする。

ベラルーシ当局が原子力の推進者たちの要求に迎合する態度を取るに至ったのはどうしてなのか、理解するのは難しい。が、世界保健機関（ＷＨＯ）が何の助けにもならなかった理由なら、ずっと簡単に示せる。一九五九年にＩＡＥＡとの間で取り交した同意書に、手足を縛られていたままだったのだ。

## ＩＡＥＡと一体でチェルノブイリに対処したＷＨＯ

チェルノブイリ原発が爆発した直後から、諸々の当局はデータを隠蔽し、あるいは公表を遅らせた。データは時には虚偽であった。(1・2・3・4) 当局のこういう対処の仕方が、原子炉の爆発に続く放射能汚染が「確かなことではない」という言説のもとになったのだ。二〇〇〇年の今でさえ、情報操作は相変わらず横行している。こういう点の理解に恰好の、ＷＨＯの内部文書が、一九五八年に出されている。(5)「事故の際に採るべき政策」という章があるのだが、こういう願望で結ばれている：

「けれども、精神衛生の観点からすれば、原子力平和利用の未来にとってより満足のいく解決がある。未知や不確定性に戸惑いを感じない、新しい世代が興隆していくことだろう」

こうした無知の礼賛は、一般の人々に対する侮りの反映である。ＷＨＯの精神とも、憲章の文言とも、まるで逆だ。一九九五年一一月にＷＨＯがジュネーブで開催したチェルノブイリが議題の会議で、スイス政府の代表だったクロード・アエジ(訳注3)が問題にしたのが、まさにこの文章である。さらに、「核エネルギーの重要さを考えれば、チェルノブイリ規模の事故が年に一度程度あっても我慢できる」とＩＡＥＡの幹部(訳注4)が語ったという、事故の四カ月後にあたる一九八六年八月二八日のルモンド紙の記事もアエジを取り上げた。アエジの演説の締めくくりはこうである――「チェルノブイリなど一度で沢山であります。完璧な安全性を目指すべきであります」。

アエジのこの報告だけでなく、この時ジュネーブの会議で報告されたものは、報告集に取りまとめられて出版されねばならないはずだった。刊行は心待ちにされていたし、会議事務局は一九九六年三月には出すと約束もしていた。しかしこの報告集は二一世紀に入った今日でも、まだ発行されていない(6)。一九九六年の四月にはウィーンでＩＡＥＡの大会が開かれる予定だった。それに悪影響を与える中身だと、判断した者たちがいたのであろう。原稿の数々が葬られ、あるいは検閲されることになったのは、一九五九年に署名されたＩＡＥＡとＷＨＯとの合意書のお蔭ということになるだろうか。

---

訳注3　Claude Haegi：（一九四〇〜）スイスの政治家。ジュネーブ市長などを歴任。自由党。
訳注4　ハンス・ブリグスの発言。一四三頁参照

この合意書の定めによって、WHOの研究計画は事前にIAEAにお伺いをたてなければならない。「平和と保健と繁栄への原子力の貢献を、全世界において加速し、増大する」というIAEAの基本理念を損ないかねない結果になるのを避けるためなのだ。

この一節はIAEAの憲章から採ったもので、この機関のたいがいの印刷物の冒頭に印刷されている。一九九六年のチェルノブイリが議題の会議の報告集でも、そうである。[7] 研究の成果が、原子力発電推進を邪魔するのは、避けなければ、という合意なのである。合意書の第一条第三項には、こう定められている：「当事者の一方が試みようとする企画あるいは活動が、他方の利害に大きな影響を及ぼしうる時は、その都度、前者は後者に諮って合意による解決を目指すこととする」

この合意書の第三条にはこう書かれている：

1　国際原子力機関と世界保健機関とは、提供を受けた情報の機密性を保つために、何らかの抑制的手段を取るべき場合があることを認識する……

2　国際原子力機関の事務局と世界保健機関の事務局とは、ある種の資料の機密性が保たれるために必要な手段が取られるという条件付きで、双方にとっての関心事となりうる、あらゆる企画や計画について相互に承知しておくものとする。

第三条には、機密性を、ないしは沈黙を課した幾つもの用語が見出される。が、これらはWHOの憲章に反している。WHOの憲章第一条による限り、「あらゆる人民の健康を可能な限り高い水準に導く」のが、この機関の目的なのだから。

WHOがどうやって健康の水準を高めていくかは、第二条に定められているが、特に果すよう定められている機能は‥

★保健の分野を導き、取り仕切ることのできる権威として行動し……
★適切な技術的補助を提供し、緊急の場にあっては各国政府の求めに従い、またその受諾に応じて、必要な援助を提供し……
★保健の分野にかかわる、あらゆる情報、あらゆる助言、あらゆる援助を提供する
★保健に関係した啓発された世論が人々の間に育っていくのを助ける

開かれた伝達とは正反対の、合意書の数々の文言はWHOの憲章の文言と矛盾する。それなのに、一九五九年五月二八日の第一二回世界保健会議で、この合意書は署名された。上に引用した

法的文書は、ＷＨＯの基本文献集にも収録されている(8)。

ＷＨＯが原子力産業の発展という選択に抗して出した、警戒的な最後の出版物の一つは、一九五九年にジュネーブに集まった、ノーベル賞受賞者のＨ・Ｊ・ミュラ(訳注5)を含む遺伝学の優れた専門家たちによるものである(9)。

「遺伝は、人間という存在にとってもっとも貴重な資産である。私たちの子孫の命も、未来の諸世代の健康で調和のとれた発育も、それによって決定される。専門家として私たちは、未来の諸世代の健康が、原子力産業の成長と放射線源の増大によって脅かされていると、断言する……私たちはまた、人類の新たな突然変異は人々にとって、またその子孫にとって、致命的なものになると想定する」。

このような物言いは核ロビーとは相容れない。そしてＩＡＥＡは間もなく一九五九年に署名された合意書によって、この分野でのＷＨＯの自由な意見表明を封じるのに成功する。それは二一世紀初頭まで続くのである。

## 一九九五年一一月、チェルノブイリの情報を出そうとするＷＨＯの試み

一九九五年、ＷＨＯの事務局長だった中嶋宏(訳注6)は、一一月二〇日から二三日まで、「チェルノブ

イリを始めとする放射線事故の健康への影響」と題する国際会議をジュネーブで開催した。会議は藤田雄山（訳注7）広島県知事が議長を務め、広島や長崎の破壊と、チェルノブイリ原子炉爆発とを、放射線事故として対比的に考察するように導いた。その結果、二つの型の事故の間の大きな違いの存在が明らかになった（こうした場に集まってくる人たちの間では、この二つの爆発はともに「事故」として扱われるということなのである）。

このジュネーブ会議は、報告集も葬られ（あるいは検閲修正され）、参照することができない。そこで、プログラムにははっきりとうたわれている会議の目的を、思い起こしておくのが有益である。

★チェルノブイリ事故の健康への影響に関する国際プログラム（IPHECA）（訳注8）の第一段階の主

---

訳注5　Herman Joseph Muller（一八九〇～一九六七）アメリカの遺伝学者。電離放射線のゲノムに対する作用を始めて本格的に解析した。一九四六年にノーベル賞を受賞。

訳注6　中嶋宏（一九二八～）日本の医師。フランス保険医療研究局（INSERM）などで精神薬理を研究した。WHO第四代事務局長。任期：一九八八～一九九八年

訳注7　藤田雄山（一九四九～）日本の政治家。広島県知事（一九八九～二〇〇九）。自民党

訳注8　International Programme on the Health Effects of the Chernobyl Accident。WHOのプログラムである。

要な研究成果に光をあてる

★これらの成果と、チェルノブイリ事故の健康への影響に関する他研究の成果とを比較する

★チェルノブイリの事故の、今日知られている、および未来に予測しうる健康への諸影響について、類別と規模と重大さに関する知見を改善（そして更新）する。

★他の核事故の諸影響に関する調査の新たな結果を知らしめ、健康への影響のより完璧な一覧表造りに資する。

★事故の途上、また事故後に取られた健康上の方策の有効性を検証し、将来のために改善策を提示する。放射線の健康への影響に関する知見を前進させる。または確かなものにする。

★進行中の調査の情報や、放射線の影響研究のための国連科学委員会（UNSCEAR）（訳注9）に関するニュースを提供する。

★研究者の注意を引くに違いない新傾向や興味深い展開に重点を置く

こうしたプログラムに惹かれて、被害甚大な国々の保健当局をはじめ、七〇〇人にのぼる医師や専門家がこの大会に参加した。IAEAの側は、無条件の原子力推進派に動員をかけた。こうして、対立しあう意見が交され、論争は熱を帯びた。核ロビーの体現者たちは対話を禁じようとし、モスクワ癌研究センターのヤルモネンコ教授（訳注10）は、低線量被曝の生体への影響の問題に科学的に言及しようとする発言者を、今後はすべて大会のプログラムから排除するよう、度を越した激

しさで述べたてた。これ以後の国際大会では現実に、排除が原則になってしまったように思える。

ジュネーブ大会の発表も討論もポスター展示も、何ひとつ刊行されなかった。一方、IPHECAの試験的プロジェクト「チェルノブイリ事故の健康への影響」の第一段階で集められた数値は、五一九ページにのぼる贅沢な資料集になっていて、これを見ればWHOの現場への介入がいかに遅すぎたかが歴然とする。一般市民の大半が「緊急事態」と考えていたものを、ただの「事故」扱いにしたのだ。知見を独り占めにしたIAEAは、各国の保健機関と一体となって、この五年間、住民たちのための方策を取り仕切ってきたが、その際、犠牲者たちへの賠償のカットによる経費の節減が、一番の関心事だったのだ。

時宜を得た介入が憲章によって課せられていたはずなのに、WHOはそうしなかったばかりではない。保健の分野で指導者として、組織者として働くことも憲章に定められているが、これも果さなかった。住民たちの命運のかかった様々な集りにWHOの代表として出ていたペルラン教授(訳注11)は、原子力発電所の留保なしの弁護人だった。惨事の五年後、WHOは分野を「選んで」仕

---

訳注9　United Nations Scientific Committee on the Effects of Atomic Radiation。一九五五年の総会で設立された国連の機関である。
訳注10　Samuil Petrovich Yarmonenko：放射線医学のエキスパート。N・N・ブローキン癌研究所所属。
訳注11　Pierre A.J.-C. Pellerin（一九二三〜）フランスの医師。ナンシー大学教授、パリ市立病院・被曝治療専門医師。最も犯罪的な医師として広く糾弾されている著名な人物である。

事をやっと開始したが、五つの優先研究課題とされたのは、例えば小児の歯のカリエスであった。WHOが以前に招集した専門家会議で最優先とされた遺伝子損傷については「忘れ去られ」たのであった。

ジュネーブ大会の発表が未公刊のままなので、例えば国際連合人道問題局(訳注12)のマーチン・グリフィス氏(訳注13)といった人の、ジュネーブでの発言を想起するのが有益だ。この発言者は、住民たちに真実が伝えられなかったこと、汚染された地域に今なお人が住んでいることに注意を向ける。グリフィス氏は援助と研究の継続を要求した。お金がなければ、すべてが止まってしまうからだ。氏は被災者が九〇〇万人にのぼること、健康上の被害は増加の一途であることを指摘した。

ウクライナ保健相のコロレンコ博士(訳注14)は、国の大部分が放射性降下物で汚染されていると指摘する。三〇〇〇万(訳注15)人分の飲み水が汚染されている。住民すべてが沃素一三一に曝され、セシウム一三七もかなりの線量になる。大臣は内分泌系の損傷に言及し、糖尿病の二五%もの増加に注意を向けた(食べすぎが原因のはずはないのは明らかだ)。糖尿病患者はインシュリンに依存し続けるしかなく、そのための社会的費用は膨大である。事態はウクライナという国が立ち向かえる規模を超えているのでは、という大臣の懸念も、援助の必要性も、誰にでも理解できるものだ。

モスクワの保健医療産業省のE・A・ネチャエフ教授(訳注16)は、チェルノブイリ事故によってロシア連邦内で被曝した人は二五〇〇万人になり、うち一七万五〇〇〇人がいまだ汚染地域に生活し続けていると指摘する。激症タイプの甲状腺癌が小児に増えていることを述べ、また、出生一〇〇万人毎の先天性形成不全の発生率は、非汚染地域では二〇〇人であるのに対し、汚染地域では二二〇人から四〇〇人の間であると発言している。

ベラルーシのオケアノフ教授（訳注17）は、ミンスク（訳注18）のチームによる疫学調査の結果を提出した。中でも、一九七二年以来この国に存在し、WHOからも認められてきた癌統計をベースにしたデータである。広島では白血病はわずか数年の後に現れ、五年目から八年目のあたりにピークがあった。しかしチェリヤビンスク（訳注19）では、一五年目から一九年目に発病した患者がいちばん多いのである。事

---

訳注12　国際連合人道問題局：一九九九年、国際連合人道問題調整事務所に改組

訳注13　**Martin Griffiths**：イギリスの法律家。ユニセフ職員、ActionAid の活動家を経て国連入りし、人道関係の部局の幹部を歴任している。

訳注14　**Yevhen Korolenko**：任期一九九五年七月～一九九六年七月。この大臣の任期中には、アメリカの民間団体からの援助医薬品が大量に蒸発するスキャンダルがあり、無能ぶりを指弾された。

訳注15　当時のウクライナは人口約五〇〇〇万人であった。なお、ベラルーシは一〇〇〇万人。

訳注16　**E.A.Netchaev**：一九九五年当時から二〇〇〇年五月にシェフチェンコに交替するまで、ロシアの保健大臣であった。

訳注17　**Alexeï Okeanov**　ベラルーシの医学者。癌の専門家として、癌の罹患統計を長年、担当してきた。

訳注18　**Мінск**：ベラルーシのほぼ中央、ドニエプル盆地にあるベラルーシの首都。人口一九〇万人。チェルノブイリの北西二〇〇キロメートル。

訳注19　**Chélyabinsk**　モスクワの東九〇〇キロメートルほどのところにあるロシアの都市。一六九頁の訳注9参照。

故処理に動員された後始末人の間では、九年後には白血病の発病率は二倍になったのだが、その後、さらに上昇したのは言うまでもない。後始末人のうちでも、発電所の事故処理に三〇日以上出た人の発病率は、既に三倍になっていた、とオケアノフは明言した。放射能に曝された時間が重要なファクターなのである。血液以外の癌もまた増加していた。後始末人たちの間での膀胱癌発病率が二倍になった。放射性降下物による汚染が格別に激しかったホミエリ(訳注20)地方の住民の間では腎臓癌や肺癌が増加していた。

ベラルーシのこの研究者チームの発表ではさらに、後始末人たちの間で、循環器障害の発生率が一〇万人中、一六〇〇人から四〇〇〇人に、強汚染地域に居住し続ける人たちの間では三〇〇〇人に増加したことも示された。免疫システムの機能不全、染色体異常の増加、若年層では水晶体白濁による視覚障害つまり白内障が報告された。また報告者によれば小児では精神遅滞、成人では精神失調の発症が倍加した。消化器系疾患の増加については、今後も経過を見ていくことの必要性が強調された。WHOはこの大会関連以外にもおおくのこうした資料をもっていて、その中には、オケアノフ教授のテキストも何本かあるが未刊である。例えば、一九九四年のロシア語の資料だ(12)。

一九九五年一一月にジュネーブで提示されたもの全体がそうなのだが、上に紹介したデータの数々は、公式に予告されていた(6)にもかかわらず、一九九六年三月になっても入手不能の状態であった。ウィーンで一九九六年四月八〜一二日に開かれることになっていた会議で、IAEAがチェルノブイリの議論に終止符を打つつもりだったからに違いあるまい。WHOの報告集が出版されてしまえば、IAEAの意図どおりには事が運ばなくなる、チェルノブイリの健康への影響についての議論を終らせることができなくなる、と考えたのである。

## 一九九六年四月、IAEAの会議

会議は「チェルノブイリ事故から一〇年」と題されていた。参加者は慎重に篩《ふるい》にかけられ、許可を出すのは産業省と外務省だった。保健省ではないのだった。分科会が始まると、私は何度も、発言者たちの被災者たちに対する見下した横柄な態度に衝撃を受けた。再び事故が起きるのは避けられないとして、その時に取るべき方策も話し合われたが、目的ははっきりしていて、原因を作った当の産業が金を使わないで済むようにするのである。選ばれて基本的な報告を読み上げた人たちも、分科会の議長たちも、なべて、健康上の諸問題を、特に、チェルノブイリからの放射性核種が環境に存在し続けていることによる諸問題を、なるべく議論しないための人選であった。発言者たちはまた事故の際に、メディアが報道を慎むことを推奨した。彼らの意見では、チェル

訳注20 Гомель：チェルノブイリの北にあるベラルーシの県。県都ホミェリ市はチェルノブイリの北北東約一〇〇キロメートル。人口約五〇万人。Гはhともgともつかない音だが、ベラルーシでは通常hとして扱われるので、本書では「ホミェリ」とする。ロシア語式には「ゴメリ」である。

ノブイリの事故の後で観察された禍はほとんどすべて、「行き過ぎた警鐘を鳴らす」報道から起こったことなのである。

チェルノブイリによる放射線被曝でひきおこされた疾患のうち、三つに限って承認するというのが、大先生たちのご立派な報告の目指すところであったようだ。それ以外の病気は一切合切、何が何でも心身症という広大な複合体の中に放り込んでしまおうと言うのだ。あるいはまた、補償金が目当てであると言うのである。放射能とは何の関係もないと言うのだった。

IAEAは「事故の影響」はほとんどないものとし、稀な例外として専門家たちが受け入れたのは急性放射線障害なのだが、死者が三一人なのか三二人なのか[訳注21]といった痛ましい討論がだらだらと続けられた。チェルノブイリの死者はたったこれだけだということに、IAEAはする積りだったのである。

しかし、核戦争防止国際医師会議（IPPNW[訳注22]）のメンバーたちがカザフスタンで、ソ連の核実験を終わりにさせようとデモした時、セミパラチンスク[訳注23]の主席将軍だったイリエンコが私たちにさし示した食堂の壁には、二次にわたる世界大戦に地元から出征して、亡くなった人たちの名を刻んだ銘板が飾られていた。その隣はアフガン戦争の死者たちの銘板だった。さらにもう一枚の銘板を示して将軍は、「この人たちのことがお分かりになりますか。チェルノブイリで亡くなった兵士たちです」と言った。

ソ連は惨事の現場に兵士やエキスパートや工務員を八〇万人派遣し、汚染を除去し、壊れた原子炉の残骸を囲い込み、安定させようとしていた。平均年齢は三三歳だった。私たちはチェルノブイリで夫を失ったモスクワ在住の女たちのグループに会った。数年前に既に、メンバーは一〇〇〇人を超えていた。処理に動員されて亡くなった人たちは他にもいて、彼女たちはそうした人たちの資料や写真を集めていた。

モスクワの女たちのそうした夫たちは、命令に従って働いた結果、病気になり、英雄として死にはしたが、だからと言って国家から顕彰されたとは限らない。

後始末人についてウクライナの首相だったマルチュク氏が、(訳注24) IAEAの大会で述べたところによれば、(7) 汚染地域となる場所に爆発当時住んでいたウクライナ人はおよそ三一〇万人で、今でも多くの人たちが住み続けている。事故処理には三六万人が動員されたが、うち三万五〇〇〇人が

---

訳注21　三一または三二人：この馬鹿馬鹿しい数字は、二〇〇〇年代になってようやく五六人にまで増員された。

訳注22　IPPNW：一九八〇年創立。著者もメンバーである。日本にも支部がある。

訳注23　セミパラチンスク　カザフスタンの都市。ソ連時代に近くに核実験場があった。

訳注24　Євген Кирилович Марчук（一九四一〜）ウクライナの政治家。KGB高官。のちウクライナ秘密警察（SBU）高官。首相（一九九五〜九六）、国防相（二〇〇三〜〇四）。武器不正取引の疑惑もあるが訴追はされなかった。

廃人同然の状態にある。

ＩＡＥＡの大会では、妊娠中に被曝した母親から生まれた子供たちの間に、精神神経系の障害が存在することは、事実として認められた。しかし、事故時にチェルノブイリ周辺にいた成人にも同様な障害が存在することは、広く知られている事実であるのに、選ばれた発表者たちはそれを否認したのだった。

精神神経疾患に苦しんでいる人たちはたくさんいて、特に、処理に動員された八〇万の人たちの中に多数いるが、こうした人たちを補償金目当てであるとしたり、被曝したという強迫観念からくるものだとして、片付けようということが明白だった。「放射線恐怖症」なる用語が、そういう目的に沿って流布された。しかし件の用語の評判がまったく芳しくなかったため、「環境ストレス」という語が広められることになった。およそあらゆる症状が、神経系または主観的な状態からくるものに過ぎず、その原因こそがこのストレスであるとされたのだ。ＩＡＥＡのこの大会の直後にウィーンで開かれた人民法廷で、犠牲者をさらに犠牲にする行為として指弾されたのは、まさにこうした行為であった(3)。

事態に責任のある者たち、つまり核保有国や西欧の核ロビーが、すべてをチェルノブイリの悲劇の犠牲者に押し付けて、自分たちは可能な限り責任から逃れるために、ＩＡＥＡはウィーンであらゆることを試みたのである。

## チェルノブイリの癌

長年にわたる妨害の後に、一九九一年の会議でＩＡＥＡのエキスパートたちが、チェルノブイリから放出された沃素一三一に起因する、甲状腺の病理の存在を認めるしかなくなったのは特記すべきことである。バンダジェフスキによると、これには幾つか別の放射性元素も関係していて、それらの物質は互いに毒性を強めあうような作用をする。特に放射性セシウムであり、中でも組織に取り込まれたセシウム一三七が働きを強める。[13] 甲状腺の癌が討論された際、ＩＡＥＡの公式の報告者はこれは「良性腫瘍」であると言った。リンパ球や肺に肥大のある子供たちの母親や、それを手術した医師たちが、この良性という判断にうなずくとはとても思えない。

この癌を予防するには、放射性でない安定した沃素の錠剤を、住民たちに配っておくだけで足りることを、ＩＡＥＡは示そうとした。この予防法は惨事の前から医師たちには知られていた。けれども、ポーランドでだけは違ったようだが、予防が間に合うよう、配布政策が進められたわけでも、在庫が足りていたわけでもなかった。ウィーンでの討議の過程で、予防が本当に効果的であるためには、沃素錠剤は放射能の雲が到着する前に服用する必要がある、ということも発言者の一人から明言された。

　しかし、次回の事故の際にはメディアは報道を慎しめと言うのであるから、うまくいく見込みもなさそうに見える。半径五キロメートルとか三〇キロメートルとかではなく、五〇〇キロメートル以上にわたる範囲の人たちに、沃素を直ちに配る準備が予めできていなければいけないのである。もう何年かすれば、西ヨーロッパの多くの国々で、チェルノブイリの雲が甲状腺癌（他の色々な癌も）の原因になっているのが分かってくるはずである。

《Background Paper no3》というＩＡＥＡの公式文書に、長期的影響が扱われている。(7) その章の結論としてはこうだ。

「チェルノブイリ事故から一〇年が経過したが、最も被害を受けた地域で、放射線に晒された子供たちの間に甲状腺癌が劇的に増加した他は、被害の甚大な三国でも、事故の結果による被曝による甚大な影響はなかった。事故に起因すると考えられるどのような種類の癌においても、死亡率の際立った増加はまったく見られない。特筆すべきは、放射線被曝でもっとも心配される白血病が、後始末人たちの間でさえ、さほど増えていないことである」

　この結論（これについては後でまた論じる）は議論の過程で、ミンスク大学のオケアノフ教授によって否認された。教授は癌の分科会の副議長で、本来、口を閉ざしているはずだったのであろうが。各種の癌に関する「公式」の報告に続く討論が、報告者の結論とは違う方向に向かうのを避けるために、ことさら賢明な策が立てられていた。放射線の測定値のことだけに議論を限るというのである。最初に発言をした人は癌に話題を戻そうとしたが、マイクを手放すしかなかった。私は、自分の発表に関連して測定値に大きな関心を抱いている、という名目で、同じ問題について発言した。そうやって私は一九九五年にジュネーブでオケアノフ教授が示した結果[6]や、さらには一九九六年のミンスクでのＷＨＯの会議の際のものを、引用することができた。癌の罹患率は地球全体として増加しているが、さらにその上に、被曝時間に応じた増加があるのだと、オケアノフは示していたのだった。

甲状腺癌の増加は、既に一九八九年からベラルーシで記録されていた。妊娠中に被曝した母親から生まれた子供たちの白血病も、同じように早くから観察されていた[15]。妊娠中に被曝した母親から生まれた子供たちの白血病は、六〇年代の研究で明らかにされていた通りの発症メカニズムを示していた[16]。

チェルノブイリの爆発後に強い被曝を受けた人たちの間での各種の癌の罹患率は、後始末人の平均年齢が三三歳だったこともあり、特に若い人たちの間で増加したことが、一九九三年から一九九五年にかけて、疾病学者たちによって記述された。

### 被曝人口10万人当たりの癌の発症数

| 癌の種類 | ベラルーシ全体 | 後始末人（3万人以上） | | |
|---|---|---|---|---|
| | | 全体 | 被曝30日以上 | 被曝30日以下 |
| 脊髄 | 12 | 18.5 | 20.1 | 13.4 |
| 膀胱 | 13 | 31.1 | 32.1 | 27.1 |
| 白血病 | 10.4 | 23.3 | 25.8 | 16.4 |

A・E・オケアノフ作成

A・E・オケアノフの表は私がIAEAの会議事務局に再提出し、出版された報告集に収録されている[7]。多少にかかわらず被曝した、人口一〇万人あたりの癌の発症数をまとめた表である。

ウィーンでの討論でオケアノフは、こうしたデータを否認しなかったばかりでなく、避難した女性たちの間で癌がたいへん増えていると、付け加えた。また、チェルノブイリから一八〇キロメートルのホミェリでの、「脊髄、結腸、肺、乳房、尿道の癌の明らかな増加」についても指摘をした。

オケアノフは、当時行なわれていた疫学的研究をさらに進めていく重要性を強調していた。が、何ということだろう。この計画はすっかり駄目にされた。オケアノフが主導していた研究室は、この直後に解体されたのである。かつてWHOはこの研究室を高く評価していた(フランスにもドイツにもスイスにも、これと比肩できるようなところはなかった)。これは考え抜かれた上で取られた手段なのであり、チェルノブイリに関連した健康上の障害にとって、もっとも貴重なデータベースを消失させるのが目的だったと思われる。

チェルノブイリで疾病が広がりつつあったこの時期に、推進派は進行中の疾病研究に何が何でも終止符を打とうとしたのである。チェルノブイリのような事故の後の潜伏期は、子供の甲状腺癌や白血病では四年から五年でしかないが（ペトゥリドゥ[訳注25]たちの研究[15]によれば、チェルノブイリの雲が通った後、発電所から一〇〇〇キロメートル隔ったギリシアでは一番汚染されていた幾つかの地域で、子供の白血病罹患の拡がりがみられた）、それ以外のたいがいの癌では一〇年から、場合によっては三〇年以上である。そこで核ロビーにとっては、こういう邪魔な調査は直ちに潰すべきものだった。今から二〇三〇年までの間に、いったい何万人の人がチェルノブイリを明らかな原因として癌に罹患するか、疾病のデータを継続してとっているオケアノフの研究所のような施設だけが、確かな解答を用意できる。しかしそれが破壊されてしまった今となっては、人類は次の大災害を待つことなしには、このような「事故」のもたらす苦悩を正確に認識することができなくなったのだ。かけがえのない仕事の装置にこうして沈黙を強いることで利益を得るのは、ＩＡＥＡやロビー以外に誰もいない。

ＩＡＥＡの一九九六年の出版物[7]の、例の章の結論に、話を戻そう。「チェルノブイリ事故に起因すると考えられるどのような種類の癌においても、死亡率の際立った増加はまったく見られな

---

訳注25　E. Petridou：ギリシアの医学者。癌の専門家。アテネ大学医学部。

い」と書かれているのであった。元来の文脈から切り離してしまいさえすれば、絶対的な嘘とは言えないという人もいるだろうが、しかしその直前に「被害の甚大な三国でも、事故の結果による被曝で重大なインパクトはなかった」と断定されているのである。

慣れた巧妙な手口で編集者は、偽の指標を選択しているのだ。被曝から一〇年後に限った癌の死亡率である。この段階では発病率以外の指標は採ってはいけないのだ[17]。誰でも知ってのとおり、癌は、特に若年の場合には、患者本人にとっても家族にとっても破滅的な作用を及ぼす。入院はたいがい長期にわたるし、手術にせよ、化学療法にせよ、患者にとってはたいへん辛いものだ。治療も、労働の停止も、社会に莫大な費用を負わせ、家族に犠牲を強いる。それでも、現代の治療では癌によっては治癒もするし、大多数の場合、死を先伸ばしにはするのだ。

白血病で子供が治療を受けた家族が、たとえ子供が生きながらえたからと言って、「重大なインパクトはなかった」などと考えるものだろうか。癌にかかった人の闘い、日々の苦しみは本人にとってはもちろん、周囲の人にとっても、極めて重大なインパクトでなくて何であろう。

引用した結論に見られるような明々白々なまやかしによって核ロビーは、「極めて安全」な原子力発電所を造り続けることができるということになる。どうやってやるのかって？　発電所には何の危険もないというのが、推進派の決まり文句で、新しく設置する際には、「さらにいっそう安全になりました」といった具合に新手のセールストークを付け加える。商売用のこういう言い方は、科学的事実とは何の関係もない。さんざん嘘を聞かされた後で、その非科学性を改めて証明せよと言われても御免蒙る。

## 体内組織に取り込まれた放射性核種による疾病

チェルノブイリから生まれる様々な病の存在をＩＡＥＡは認めず、排除するが、それにもかかわらず、高度に汚染された地域では九〇％にのぼる子供たちがかかっているのである。原子力を推進するこのエージェントによれば、どの病気もすべて、チェルノブイリによる放射能汚染とは何のかかわりもないと言うのである。こうした新たな病は「環境からくるストレス」に起因すると、ＩＡＥＡに厳選された「エキスパート」たちは断言する。西欧では開業医を訪れる成人たちの症状の八〇％はストレスからきているので、「核の平和利用の推進者」たちは、私たちが西欧で知っているのと少なくとも同等の割合で、汚染地域の住民たちの間や、後始末人や避難させられた人たちの間にストレス病があると期待できるというわけだ。

推進派はこうして、原子力発電所の爆発をほとんどすべての場合に免罪できる屁理屈を発明したわけである。それでも、一九九六年のウィーン会議での発言者の厳選にもかかわらず、分科会の座長も、ＩＡＥＡに招待された専門家たちも、この分野での合意形成には至らなかった。

事故直後の数週間の間に、ヨーロッパを、スカンジナビアからバルカンやトルコをへてアルプスヤジュラ(訳注26)に至るまで、広範囲に汚染したのは膨大な量の放射性の沃素だった。この汚染の帰結は、ベラルーシの医師たちには早くから認識されていた。一九八六年が過ぎると、半減期のずっと長い放射性核種（セシウム一三七とストロンチウム九〇は約三〇年、プルトニウムは二四〇世紀）が後を継いで心臓、腎臓などの臓器や神経系、免疫系の機能を変質させる。また、あらゆる細胞の遺伝的特性のすべてを変質させるのだが、特に、例えばストロンチウム九〇であれば骨髄が放射線源になり、それに近い細胞が影響を受ける。

ヴァシーリ・ネステレンコ(訳注27)を中心に活発に行なわれた仕事のお蔭で、チェルノブイリ発電所爆発直後の沃素一三一とセシウム一三七の降下は分布地図が残されている(18)。彼の報告書はどれもまさに警告を発するものであったために、解任されることになった。

国の直面する劇的な諸問題と向かいあって、この輝かしい物理学者は、ベラルーシの一人の芸術家と、ロシアの、ついでアイルランドの財団の援助で、研究に復帰した。汚染された地域で生きていくしかない住民たちを守るのに、必要な研究を再開できたのだ(17)。世界中の人々がこの汚染に関する情報を手にするようになったのは遅くなってからだった。部分的であったし、あまりに遅すぎた(20)。

ホミェリの国立医科大学では、ユリ・バンダジェフスキ教授(訳注28)という若く輝かしい学長のもとで、臓器に取り込まれた放射性核種が、臓器を痛めつけることになる重い病気の、病理発生、つまりその始まり方にどういう役割を演じているかを、研究者たちは調べていた[21]。じっさい、強度に汚染された地域での生活を余儀なくされている住民たちの大半が、子供では九〇％が、こうした病気で苦しんでいたのだった。

病理学部門の統括者でもあったバンダジェフスキ教授は、研究室の動物たちに、住民たちが食べざるをえなくなって食べているのと、同じ種類の汚染された食品を餌として与えた。人間たちに見られたのと類似の形態的な、あるいは機能的な変質を動物たちがおこす様を、教授は実験モデルの形で明らかにしたのだった。この実験では、とりわけセシウム一三七による損傷が示された。生物的半減期、つまり当該放射性核種の半数を体外に排出するのに要する期間が、この同位体の場合数カ月であって、子供ではなお短いという重要なことも、この実験の過程で明らかにな

---

訳注26 Jura アルプスの北西にある山脈。ドイツ、フランス、スイスの三国にまたがる。

訳注27 Vassili Nesterenko（一九三四〜二〇〇八）ウクライナ生まれの、ベラルーシの物理学者。国立科学院で核エネルギー研究所長の地位にあった。チェルノブイリ爆発後は被災者の立場に立った研究を進めたが、当局およびKGBの迫害を受けた。

訳注28 Youri Ivanovitch Bandajevsky：（一九五七〜）ベラルーシの解剖学者、病理学者。科学的真実に基づいたチェルノブイリ問題との取り組みを主張する。バンダジェフスキは罪状をデッチ上げられて逮捕され、フェルネクス夫妻をはじめ、アムネスティやクリラドなどを中心とする支援運動もあって、ようやく二〇〇六年一月に釈放された。当初、フランスに在住し、その後、リトアニアのミクローシュ・ロメリス大学に迎えられたが、現在はウクライナ在住。「エコロジーと健康」という名称のセンターの中心となっている。

ったのだった。セシウム一三七の毒性と放射性による負荷を軽減するには、間歇療法[訳注29]や、汚染地域外への滞在などが有効なことも分かった。

　また、セシウム一三七によって個々の臓器または臓器系が慢性的な中毒症状になる。それによって誘発される色々な病気のことが、ホミェリの病理学研究室の研究によって、よりよく理解できるようになった。ここの医科大学の研究総体にかかわりのあったバンダジェフスキは、三〇人の博士論文を指導し、論文、報告、モノグラフィをあわせて二〇〇本執筆した。一部は英訳もされている[13・21・22]。

　セシウム一三七は、まだ子宮内にいる頃から既に、体をむしばみ始めるのである。妊娠期間の間ずっと、胎盤は盛んに活動を続ける。母の血と胎児の血との間でフィルターの役をし、生まれるべき子供を中毒から守るのである。フィルターとして胎盤は、母の肉体組織そのものより以上の、セシウム一三七を集積する[21]。有毒な放射性物質の胎盤内へのこうした集積は、妊娠の成功に必要なホルモンを製造する細胞群の近隣で起こるのだが、そのことは、ホルモン製造に異常が生ずることを幾分か説明する。この放射性核種が形態変異を誘発するために、胎児は酸欠に苦しむ。流産の危険性が高まる。これ以外にも、こういう汚染地帯に生活する母親から生まれた子供は、汚染していない地域に暮す母親から生まれる子供に比べて、先天性の畸形をもった誕生が二倍である。

　汚染された地域に生きる母親の乳で育った新生児の、体内の放射性物質はまたたく間に増加する。子供時代の間ずっと、こういう地域で育った子供は、乳や野菜や果物から摂取した放射性核種、特にセシウム一三七を体に蓄積していくのだ。中毒のせいで子供たちは病気がちであり、高血圧や不整脈に苦しむのである。

子供たちを守るためのさまざまな方法をバンダジェフスキは記述している。もし当局がこれに従っていたとしたら、当然、問題が存在することを認めただろうし、教育や、食事の取り方や、間歇療法によって、住民たちが問題を解決する手助けをしたことだろう。セシウム一三七に出ていってもらうために、バンダジェフスキは吸収剤の助けを借りようとする。色素やある種の海藻や、もっと良いのはリンゴの抽出物、ペクチンである。これらはセシウム一三七を固着し、体内への吸収を妨げ、全部ではないが、糞便とともに排出させることができる。

有毒な放射性核種による負担を軽減する療法の探求は、この負荷が体の組織内に存在し続ける時に、組織の受ける損傷が取り返しのつかないものであるだけに、医学的観点から見て、もっとも大切なものである。

ベラルーシ放射線防護研究所「ベルラド」は、一九九六年から二〇〇〇年にかけて、汚染地域の幼稚園児や学童の体内組織に蓄積しているセシウム一三七を測定した。大半の子供たちの放射

---

訳注29　短期間の集中治療を、間をあけて繰り返すことを言う。後述のペクチン療法のことと思われる。

能汚染の水準は二〇〇から四〇〇ベクレル（体重一キログラムあたり）であった。けれども、ナロユリア（訳注30）、エリスク、チャチュルスク、ヴィエッカ、コマンスク、ストリンの各町やその周辺では、平均値が一五〇〇から二〇〇〇ベクレルであったし、四〇〇〇さらには七〇〇〇ベクレルに達している子供たちさえいた。

バンダジェフスキ教授のデータによれば、セシウム一三七の、体重一キログラムあたり五〇ベクレルを越す蓄積は、何らかの組織と生体器官の変質を誘発する。そこでベルラド研究所は家庭を教育して、いちばん危険に曝されている子供たちの体から、汚染を減らそうとする。基本的に食物からくる汚染である。だから食べ物を選べばよいが、それには金がかかる。危い部分を除去するとか、下処理をしてから調理するということになる。牛乳は遠心分離するのが有効で、そうしても蛋白質の損失は三％以下であることを特記しておこう。このチームはさらに、リンゴ抽出物、つまりペクチンに、ビタミン、カリウム、オリゴ糖類を添加したものを使った予防治療を創始した。二四日間の治療をほぼ二カ月おきに、年に三回ないし四回すると、放射性セシウムがくっついていた場所から離れて、排出される。この治療は、一年間で、放射能汚染を三五から八五％軽減する成果を上げている。

この療法は子どもたちにも受け入れやすいものだし（薬剤はリンゴの味がする）、辛いものではない。充分早い時期に治療を開始すれば、症状は改善される。ある種の病気を予防し、もしくは悪い経過を押し止めるのが目的である。

このような仕事は注意を引くべきものだったろうし、チェルノブイリの被災者の健康に関心を寄せている医師たち皆が協働に向かうべきであったろう。特に、ＷＨＯがそうすべきであった。アイルランド(訳注31)とスイスとベルギーの非政府組織（ＮＧＯ）からの協力はあった。ところが驚くべきことに、住民たちの援助をする際に欠かせないこうした研究に対して、西欧では見当違いの皮肉を満載した、憎悪に満ちたパンフレットがバラ撒かれたのである。

さらにネステレンコ教授が研究結果を発表し、有益な助言や援助を得ようと西欧にやって来た時、もっとも汚染した地域からその問題を説明しようとやってきたこの講演者を、出席者たちは直ちに攻撃し罵倒したのである。ネステレンコはスイスイタリア放送(訳注32)のテレビ討論の席上やその直後にも、激しく攻撃された。こういう攻撃をした連中は「観光科学者」とも言うべきか、被災地域を訪れた時に手に入れたデータを使って、経歴のお飾りにしようという輩が多い。我が金満国にはありがちだが、公衆の前でのこういう発言といい、パンフレットといい、いったい誰の注

訳注30　ナロユリア以下の地名はベラルーシのホミェリ州の町の名である。ナロユリアは発電所から北西に八〇キロメートルほど、エリスクはそこから東に三〇キロメートルほどのところ。チャチュルスク、ヴィエッカ、コマンスクはホミェリ市より北にある町。ストリンはブレスト州にある。
訳注31　アイルランド：チェルノブイリ子ども基金（一九九一創立。アディ・ロシュ代表）を指すか？
訳注32　スイスの公営放送（ＳＲＧ－ＳＳＲ）のイタリア語局。スイスは四言語を公用語として併用している国家なので、その各言語ごとに放送局がある。

文に応じているのか。

ホミェリの医科大学では、汚染地域から来た医学生の多くが、入学直後の心電図検査で異常を示していた。不幸なことだが、四年間の勉学が終わりになる頃には、体の変調も重いものになっていることがあった。体の組織のうちでもとりわけ、心臓の筋肉と導電組織とは、セシウム一三七の蓄積が多い。この心筋萎縮症という病についてバンダジェフスキは、予防しなければならない、損傷が不可逆になる前に治療しなければ、と書いている。

内分泌腺も、セシウム一三七への感受性が強い。前にも述べた甲状腺では、内分泌は過剰になったり過少になったりする。甲状腺ホルモンの分泌が足りないと、子供は知能が発達しない。こうした機能障害は、癌より何倍も頻度が高く、子供の肉体的、知的発達を阻害する。それ以外の内分泌腺も損傷していて、思春期にはホルモン障害が起こる。

免疫防護系は外部被曝にも内部被曝にもたいへん敏感である。免疫防護系はT細胞などの血液中の細胞に担われているのだが、エイズの場合同様、こういう血液中の細胞が変質するのである。[23] 健康の点から見ると、この複雑な系が乱れると喘息などアレルギー疾患が現われる。ホミェリの子供たちの五〇％が、牛乳や果物にアレルギー反応をする。

侵入者（細菌、異物、癌細胞など）を撲滅するはずの細胞が、何らかの器官の健康な細胞を攻撃の的にしてしまうのが自己免疫疾患である。乱れた防護系に甲状腺の細胞が狙われると、腺は炎症を起し、ホルモンの製造が低下する。膵臓のベータ細胞が狙われれば、重い糖尿病になる。沃素一三一や一三二、あるいはセシウム一三七が内分泌腺に蓄積されていると、その腺が自己抗体による損傷を受けるのである。

この病理の様々な側面がミンスクの大会では提示された。[24] チェルノブイリの後で糖尿病が増加したのはウクライナだけでないことが知らされた。ベラルーシでも二八％増加していた。ミンスクの内分泌医タチアナ・ボイトビチによれば、[25] ここ数年、この国では新しい形態の糖尿病が出現している。インシュリン依存型の不安定な糖尿病が、わずか三歳の子供に発症するのである。昏睡状態で病院に担ぎ込まれ、インシュリン投与でも容易には安定しない。患者に一生のしかかるこういう糖尿病は、チャルノブイリ以前には稀であった。ホミェリ地方でも、小児のインシュリン依存型糖尿病の発症率は、同じく二倍になっている。

## 問題を消し去る

ＩＡＥＡの大会では、インシュリン依存型糖尿病はチェルノブイリ由来の疾病という枠組の中に含められなかった。原子力の推進者たちに領導された会議で、この病気を外すのに使われた手口は、報告しておく価値がある。糖尿病と放射性降下物との間には関係がないのだろうかと、討論の途中で私が質問した。すると報告者ではなく、分科会の司会者が間髪を入れずにこう答えた。「この分野の世界中の専門家たちがすべてお集まりの中で、この方はお話しになられたんですよ。それなのに、どなたも、あなたみたいな質問に答えようとなさる方はいらっしゃいません。ということはつまり、放射線がそういう病を生むことはないということです」。だが、インシュリン依存型糖尿病の増加は、広島原爆の後で、既に観察されているのだ。

司会者のこの答に関してヴィエル教授(訳注33)(17)が、電離放射線に関係した病理の存在を明らかにしたくない人間が用いる特有の論法を並べて提示している。その中に、私がまさに遇されたのと同じ型の答え、ないしは御託宣がある：「意見を求められた専門家たちは異口同音に……には健康への影響はないと考えている」というわけだ。

この種の専門家たちは「疾病の研究を的外れな方向に導く術を心得ているし、その際、認識論的な誤りを冒すことも厭わない」ということもヴィエルは付け加えている。欺瞞的に研究を進める数々の手口のうちでも古典的なものとして、発病率ではなくて死亡率を出してくるということがある。被曝による癌についての統計はこうしてまやかしとなる。ＩＡＥＡは商用原子力施設を推進するためなら、こういう手段もためらうことなく使うのだ。（エセ）研究者たちはこうして、統計的に意味のない結果なるものを手にする。仮説は証明されなかったのだから、誤りなのだ、と彼らは結論する。こうして何もかもがうまくいっているのだと信じさせることができるというわけだ。

## ホミェリの研究室の終焉

免疫防護系の損傷はより若い人たちに癌の発生をもたらす。チェルノブイリの降下物によって起きた病理の総体に対して、統計的なすぐれた研究のある癌は、氷山の一角である危険がある。バンダジェフスキ教授の研究と数々の論文(22)が世界の大きな関心を引いたのはそのためだ。氷山の真の大きさを思い描かせてくれる研究だったのである。システマチックな研究法でこの研究者は、チェルノブイリの放射性核種の蓄積にともなう生体組織の損傷について、新しい発見を定期的に説明していた。

ただ、手をつけられていない核種も幾つかあった。例えば、骨内部の赤血球のもとになる細胞の近くとか、免疫系を担う細胞の近くとかに安定的に固着する、ストロンチウム九〇について、引き続き研究することになっていた。医学研究所はそれ以外の放射線源も扱うことになっていた。吸い込んでしまうと肺の内部やリンパ球に固着するプルトニウムとか、放射性核種の集積がもたらす、毒性の相乗効果とかである。

---

訳注33　Jean-François Viel フランスの医師。ブザンソン大学教授。ラアーグ核燃料再処理場周辺の白血病や、ダイオキシンによる健康被害などに取り組んでいる。

一九九九年七月一三日、ホミェリ医科大学学長だったバンダジェフスキ教授は逮捕された。情熱的な教育者であり、厳格な科学者だったが、祖国への、特にチェルノブイリの犠牲者たちへの奉仕の思いが強く、逮捕は、教授の人柄あるいは仕事を知る人にとっては、晴天の霹靂であった。ホミェリ州立医科大学は彼が創立したのだったし、そこで彼は多くの仕事をしたのだった。アムネスティインタナショナルはバンダジェフスキを良心の囚人と考えて、早くから行動した[26]。裁判なしの半年間の拘留の後、検事総長オレグ・ボジェルコ(訳注34)は記者会見の席上、起訴に充分な証拠はないと語った。そこで不起訴で終わりにしておけばよかったであろう。ベラルーシの人々の健康破壊はもはや研究されなくなり、ロビーは既に望むものを手に入れたのだから。

研究所は今や「責任者」の手中にあり、その人物はこの方向に研究を進めるのを放棄したのだった。科学的知識が原子力産業を苦しめるのであってみれば、これこそは推進派にとってもっとも輝かしい勝利ということにでもなろうか。これによってまた西欧のもっとも豊かな国々は、実にうまいこと、自らの罪を完全に逃れられると考えたようだ。例によって例の如く、この科学者の信用を失墜させようとするキャンペーンは西側の大学人たちの間にも代弁者を何人も見つけることができたのである。

国際的な連帯の広がりは特に医学界に強く、ついにバンダジェフスキ教授は条件付きで釈放の運びになった。非人間的な収監状態によって体調を崩し、体重を二〇キログラムも失ったこの研究者には、支援が必要だ。この医師が回復し、六カ月離れ離れだった家族と再会し、徐々に仕事の機会を取り戻し、発見した事実を公刊できるよう、今、私たちの連帯の力を発揮しなければならない。弁護士費用も工面しなければならないことになる。バンダジェフスキのコンピュータのハードディスクには膨大な資料が集められていたのだが、ほとんど書き終えていた著書の原稿もろとも失われてしまったのは、実に悲しいことだ。

## 催変異と催畸形

ゲノムが受ける打撃、つまり遺伝子や染色体の損傷は、子孫たちの遺伝的疾病と先天性畸形を増加させるわけで、鉱石の採掘から、民間あるいは軍用の原子力施設の「正常」な機能を経て、廃棄物管理に至る、ウラニウム産業のすべての段階にわたって、そこで働く人たちや、周辺住民にとっては脅威である。そこでの産物にしても、気体だったり固体だったり液体だったりするゴミにしても、周囲に住む人々の間に、遺伝病をもった子供や形成不全のある子供を増やすことになる。この原子力産業がこれから発展しようという一九五六年に、ＷＨＯに呼び集められた専門家たちが恐れたのもそれであった(9)。

訳注34　Oleg Bonzhelko　この検事はここで問題になっている発言の直後に解任され、名前も聞かれなくなった。

チェルノブイリの後、破壊された発電所から一〇〇〇キロメートル以上も離れた場所からさえも、遺伝的負荷、ないしはゲノムの損傷が生息する獣類の間に報告されているが、チェルノブイリから二五〇から三〇〇キロメートルの汚染地域に生活する子供たちでも同様である。(27) 優性の突然変異はただちに現われるが、気付かれずに終わることが多い。生存に適しない変異であるために、早期に流産する結果になりがちなのだ。後続する何世代かのうちに劣性の変異によって、遺伝性疾患や畸形が生じるのである。放射性降下物を浴びた全地域の住人たちにとっての惨事の規模を計るには、三ないし五世代待たなければならない。

## 魚類、ツバメ、齧歯目獣の遺伝子異常

ソ連の漁業委員会でかつて責任者を務めていたA・スルクヴィン(訳注35)は二つの鯉養殖場を調査比較している。一つはチェルノブイリから二〇〇キロメートルの、比較的汚染の少ない地域（一平方キロメートルあたり約一キュリーのセシウム一三七）にあり、もう一つは四〇〇キロメートルのたいへん汚染の少い地域にある。一九八八年以来、池の底土が汚染されている地域での繁殖率の低下、受精卵の七〇％にのぼる死亡率、六カ月生き延びた稚魚に高い頻度で見られる異常などが伝えられてきた。(28) 事故前と同じように養殖をするには、発電所から四〇〇キロメートル離れる必要があるのである。ロゼ・ゴンチャロヴァ(訳注36)教授がこの研究を主導した。

チェルノブイリ周辺の野生動物について言えば、齧歯目《げっしもく》や鳥類が世代交替が早く、双方の親からもたらされる、劣性遺伝子の損傷からくる副次的な異常についても、増加をはっきり見てとることができる。

スウェーデンの研究者集団がチェルノブイリのツバメを、ウクライナ南部の汚染していない地域のツバメやイタリアの一地域のツバメと比較した。実証研究の過程で、染色体のDNAが、成体のツバメとその子孫たちについて、調べられた。デュブロワ他[27]と同様に、この研究にはジェフリズ[訳注37]の手法が使われている。チェルノブイリのツバメでは、放射能汚染地域外のツバメに比べて、変異が目に見えて増加していることをこのスウェーデンチームは見出した。[29] さらに彼らはチェルノブイリのツバメでは劣性遺伝子の異常が増加していることも発見している。変異個体は羽に白い斑点があり、寿命が短い。次の年にも同じ個体群を続けて観察したが、チェルノブイリ近辺の

---

訳注35　一二〇ページ参照

訳注36　**Rose Goncharova**　ベラルーシの生物学者。一九九二年以来、国立科学院遺伝子学細胞学研究所で、遺伝子安全性研究室長の地位にある。

訳注37　**Alec J. Jeffreys**（一九五〇〜）イギリスの遺伝学者。レスター大学教授。遺伝子指紋の発見者であり、DNA型鑑定の手法を確立した。DNAの配列の中にミニサテライトと呼ばれる繰り返しの部分を見つけ出して、その繰り返しの中に頻繁に現われる変異の出現の仕方を分析していくのがジェフリズ法である。

ツバメでは存命率がたいへん低く、ウクライナ南部とイタリアでは正常であって、その差は統計数値の上でも歴然としている。

齧歯目についての研究も、様々な汚染度合いの地域で進められている。(30・31・32)堤岸田鼠 myodes glareolus(訳注38)の生育環境では、セシウム一三七は雨水に流され、土中深く染み込んでいくために、放射線量は低下が見られる。この改善された放射能環境の中で、動物たちはうまくやっていけていると想像する人もいそうである。しかし、遺伝的な異常は、世代を経るに従って増大している。(30・31)ゴンチャロヴァとリャボコンは放射線への適応とはまさに正反対のものをそこに見ているのである。

ベイカー他(32)はこのノネズミの母から子へ受け継がれる遺伝子のDNAを調べている。世代を追って、研究対象にしている染色体の基礎データを変えるほどの、多様な突然変異が観察される。動物界でこれまでに知られていた変異の発生確率の数百倍にあたるのである。

人間と齧歯目とは遺伝子の振る舞いに共通性があることが知られている。そこでテキサス大学のヒリス教授(訳注39)は『ネイチャー』(訳注40)誌一九九六年四月二五日号の論説をこの問題にあて、こう締めくくることになった：

「核事故が突然変異を引き起こす力は、これまで想定されていたよりもずっと重大であることを、今や私たちは知っている。真核生物(訳注41)のゲノム(訳注42)が、これまではとうてい考えられなかった頻度で、変異を起こすことも知っているのである」

このすばらしい科学雑誌の同じ号に、デュブロワ他の論文も掲載されている。このチームはノーベル受賞者であるジェフリズ教授の支援を受け、チェルノブイリの北方二五〇〜三〇〇キロメートルの汚染地域に生活する両親から生まれた子供たちを研究した。扱った染色体のうちで観察された変異は、非汚染地域の子供たちに比べておよそ二倍だった。両親の住んでいた地域の汚染の度合いと突然変異の発生の仕方の間には相関があった。ベラルーシでは全域が汚染されているので、比較対照群はイギリスから取られた。

この研究に触れてヒリス[33]は、低線量ではあっても長期にわたる被曝は、人間のゲノムに格別の悪影響を与えると考えている。実際には、被曝量を見積るのは常に難しい。チェルノブイリ後に

---

訳注38　Myodes glareolus：ヨーロッパの森林に住むノネズミ（cricetidae）。アジアにはいない。二〇〇八年、絶滅危惧種（IUCN red list）の指定を受けた。和名不詳。「堤岸田鼠」は中国での呼び方である。

訳注39　David Hillis（一九五八〜）デンマーク生まれの、アメリカの生物学者。分子レベルの進化論研究で知られる。

訳注40　Nature：イギリスで発行されている科学雑誌。一八六九年創刊。

訳注41　核が膜に包まれている生物。つまり細菌以外のすべての生物である。

訳注42　人間の場合で言えば、遺伝子を載せた二三対の染色体のセットがゲノムである。ゲノムは細胞の核に二つずつ入っている。

生体組織に取り入れられてしまった放射性核種の種類がたいへん多いのも、その理由の大きな一つである。このように見ていくと、チェルノブイリの惨事を生き伸びようとしている幾世代かの人々の行く末に、楽観的な材料など何もない。

この刊行物は西欧にとっては一つのモデルである。このたいへん高い水準の研究は、新しい技術に基づいていて、その一部は技法の創造者であるジェフリズ教授自身の研究所で行なわれている。共著者たちの筆頭に名の上がっているデュブロワは、現地に分け入って調査をしたロシアの研究者である。「あるべき生涯」にお飾りを付けようという、どこぞやの小役人にはできない仕事なのだ。

一九九七年五月、世界保健議会(訳注43)に合わせて刊行されたＷＨＯ年次報告は、つづく一〇年のうちに癌の発生が倍加するとしていた。だが、それは何にもまして、被災者たちの平均年齢が上がっていくからだと強調するのだ(34)。チェルノブイリの降下物の犠牲になっている国では、児童や若者がおおぜい癌に罹っている。これを、この種の分析のように、高齢者の発癌と混ぜこぜにするのは誤りだ。

同じ報告の中でＷＨＯは(34)、糖尿病の増加も予想している。豊かな国々では、食べすぎによるII型の糖尿病が増加している。それを報告する傍らで、若者の間でのインシュリン依存型糖尿病(訳注44)の増加がいっさいの説明を抜きにして指摘されている。一九九五年のＷＨＯ世界大会でのウクライナ保健相だったコロレンコ氏の基調報告が想い起こされる。あの、報告がついに出版されなかった大会である。(6) 先天性畸形がたいへんな増加をしているのに加え、糖尿病の発病率は二五％も増加したと、チェルノブイリ九年後に警告したのであった。

テレトン(訳注45)は遺伝性疾患の分野の研究に向けて多額の募金を集めている。WHOによれば遺伝性疾患もまた増加の一途であるが、こうした募金は予防に振り向けられることはない。放射能の放出や、放射性核種の降下を減らすことが予防に繋がると思われる。ゲノム損傷の犯人はそうしたものだからだ。が、それでは核産業を攻撃することになる、ということか。

## 子供の先天性異常

IAEAの大会(7)でチェルノブイリ後の畸形発生研究について語るために選ばれた報告者が用い

---

訳注43　世界保健議会：WHOの最高決定機関で、年に一度、通常は五月頃にジュネーブで開催される。

訳注44　ヨーロッパでは糖尿病の病像が日本とはかなり違うようで、分類や呼称の仕方にズレがある。日本ではⅡ型の糖尿病でもインシュリンの分泌低下が深刻な場合が多いが、ヨーロッパではそうではない。遺伝子に違いがあるからだと言われている。

訳注45　**Téléthon**：テレビとマラソンの合成語。遺伝性の知的障害に対する援助を目的とした、テレビ局ベースの募金活動である。世界各地に活動拠点があり、日本の二四時間テレビもその変種。

た論法は、六〇年代にたいへんに高い催畸形性が明らかになったサリドマイド(訳注46)という精神安定剤の弁護人たちが用いたものと同じだった。その薬は、妊娠中の女性が服用すると、子供にたいへん高い比率で形成不全が見られたのだった。この形成不全は、猿や鳥、さらに昆虫にさえみられた。(35)「罹患統計が存在しておりません。つまりそれが、チェルノブイリによる畸形の発生はないという証明であります」。

こういう物言いは、何重にも誤謬である。

まず第一に、罹患統計がないからと言って、形成不全の増加とチェルノブイリの降下物との間に関係がないという証拠にはならない。しかしベラルーシについて言えば、この物言いの欺瞞性はあまりにあからさまだ。一九八二年以後、つまりチェルノブイリの四年前からこの国は、ゲンナジー・ラズユーク(訳注47)教授の監修の下に、(36)ベラルーシ遺伝疾患研究所の手で罹患統計(訳注48)が作成されてきた。この施設は国内の畸形を登録し、検分してきた。一〇種類の畸形が届出義務の対象であって、新生児では出生七日以内に、流産あるいは中絶の時は胎児を検分した。いずれの場合も、届出対象に含まれていたのは、無脳症や脊椎披裂といった中枢神経系の異常、口唇・口蓋裂、多指症、四肢の何れかの欠損または重大な異常、食道や直腸の閉塞、ダウン症、複合形成異常などである。

こうした先天性畸形の発生率はベラルーシでは、母親が妊娠中に居住していた地域のセシウム一三七による汚染の度合いに比例して増加している。(36)おそらく遺伝性と思われるが、誕生の妨げ

にはならない程度の畸形が、放射性核種の毒性や放射による畸形に比肩しうるほど、有意に増加している。(37)

ベラルーシには汚染を免れている地域は、本当に存在しない。チェルノブイリ起源の放射性核種を食品や飲料を通して、口から吸収するのが、実際上、汚染の九〇%を占めているのである。だから国内には比較対照データを提供できる地域はないことになる。一九八二年から八五年の数値をその代りに用いるのはそのためである。しかも、情報的に処理された現代的な罹患統計に基づいた資料なのである。

一九九五年一一月のWHOの大会で、一平方キロメートルあたりのセシウム一三七が四〇キュリー(訳注49)という汚染された環境に暮す四万六〇〇〇人の子供たちを任されている、ホミェリのスモルニコワ博士(訳注50)は、死産と出生直後の死亡が際立って増加していることや、尋常でない畸形の数を観

---

訳注46　サリドマイド：チバガイギー社が開発し、グリューネンタル社によって一九五〇年代末に量産された薬品。妊婦のつわりの軽減剤として乱用されたが、激しい催畸形性があり、二万人が犠牲になった。

訳注47　**Guennady Lazjuk**：ベラルーシの遺伝学者。ベラルーシ遺伝疾患研究所に所属していた。

訳注48　ラズュークの統計を簡単にまとめたものを一二〇頁に掲出した。

訳注49　**$132 \times 10^{10}$Bq / km$^2$**

訳注50　**Valentina Smolnikowa**　ベラルーシの小児科医。

察したことを報告している。(6) このような数々の報告があるにもかかわらず、ＩＡＥＡの専門家たちは、チェルノブイリに関連した先天性畸形の増加をいっさい否定したのであった。

ヨーロッパでサリドマイド（コンテルガン）(訳注51) 剤によって引き起こされた先天性畸形という疾病の結果として、全世界の薬品産業は催変異性、催畸形性、あるいは発癌性のある分子の排除を余儀なくされることになった。催変異性こそは最悪のものであるが、サリドマイドに催変異性はない。保健当局が同じように厳しい要求を原子力産業にはしない、というのは理解し難いことである。環境に解き放たれ、まき散らされた放射線は、まさに催変異性があり、催畸形性があり、発癌性があるのだ。

## ベラルーシの学術体制の破壊

ＷＨＯが一九五九年にＩＡＥＡとの間に交した同意書は、放射能の医学的影響に関して、ＷＨＯを核の推進者たちの人質にしてしまっている。ＷＨＯの決定機関である世界保健議会がこれを改訂、さらには告発しないでいる限り、物質的援助をいちばん必要としている研究グループに援助が届くことはない。

ベラルーシで、チェルノブイリが引き起こしている事態を、よりよく知ろうと研究を続けてきたもっとも優れた機構の数々はすべて、劇的に弱体化していった。私たちの目の前でそういうことが起こったのである。

データも助言（中でも特に半径一〇〇キロメートル以内の児童の避難の要求）も、適切の範囲を逸脱した煽動的な警告であるかのように烙印を押され、研究はそれ以上続けられなくなった。ネステレンコはこれまで率いてきた研究室を失い、役職もスタッフもすべて失い、従って収入も断たれた。アダモヴィチ(訳注52)やサハロフ(訳注53)、また平和基金(訳注54)などからの援助があり、ネステレンコは幸い、民間研究所ベルラド(訳注55)の創立に漕ぎ着けた。ベルラドは被災者たちを何とか援助しようとしている。汚染地域に居住しなければならない場合には、できる限り身を守る方法を伝えているし、医療スタッフとともに児童の治療にも努めている。こういう施設が生き残っていけるかどうかは、国際

訳注51　Contergan　ヨーロッパで市場に出た四〇種類ほどのサリドマイド剤の中で、いちばん知られているものの一つ。ドイツ製。

訳注52　Александр Михайлович Адамович（一九二七〜九四）ロシア語で作品を書いていたベラルーシの小説家。ベラルーシに侵攻したナチスに対するレジスタンスのゲリラ戦を描いた「虐殺へのレクイエム」などの作品がある。

訳注53　Андрей Дмитриевич Сахаров（一九二一〜一九八九）ロシアの核物理学者。水爆の発明者とされている。旧ソ連邦内で、人権活動家たちを擁護。一九七五年、ノーベル平和賞。

訳注54　Fund for Peace：一九五七年にランドルフ・コントンが創立した非営利団体。本部アメリカ（ワシントンdc）。最近では破綻国家ランキングが毎年、話題になる。

訳注55　Belrad：一九八九年にネステレンコを中心に設立され、チェルノブイリの放射線被害と取り組んできた。ネステレンコ亡き後は、息子のアレクセイが後を引き継いでいる。

的な援助が受けられるかどうかにかかっているということでもある。そして核のロビーの側もまた、誹謗中傷者たちを結集しようとしているのである。

保健大臣だったドブリチェフスカヤ博士は重要なグループを幾つも支援していたことが、一九九六年に出版された多数の著者たちによる報告(24)から分かるが、彼女もまたすべての役職から外されている。

オケアノフ教授もまた、チェルノブイリ起源の癌の真実を知る掛け替えのない手段であった、自ら率いていた研究室の解体を経験した。一九九五年のWHO大会での発言、一九九六年のミンスクでの発言や、特に、同じ年のIAEAのウィーンの報告会で、黙っているようにという要請を無視したことなどが、ぴたりと符合するのであり、彼の手中にあった研究機関を破壊しようとした者が誰だったのかを教えている。

時系列のうえで最後にくるのが、バンダジェフスキ教授の研究室の解体であった。チェルノブイリ後の事態の研究のパイオニアであったこの人は、体の組織に取り込まれた放射性核種が生み出す、疾病発症メカニズムを、明らかにしたのだった。はじめに沃素一三一、ついでセシウム一三七とストロンチウム九〇である。ホミェリの研究室で彼が教育した医師たちや、おおぜいのボランティアの研究者たちとともに、バンダジェフスキは汚染のひどい地域の住人たちが高い比率で、特に児童では九〇%もが罹患した病について記述している。人々を守るための技法、そして予防療法を彼は開発した。彼が作り上げた格別の研究者グループは、無にされたのである。

チェルノブイリの惨事の当時、現場に動員され、作業に従事して亡くなった「後始末人」たちの写真を展示する、「チェルノブイリ／ベラルーシの子どもたち」のイベント。2010年4月25日、パリのトロカデロ広場にて。

今、私たちは世界の到るところで原子力の問題に直面している。そうした今こそ、医学は予防と治療と研究という本来の使命を全うできるようにしなければならないのである。そのためには、ＷＨＯは独立性を取り戻さなければならない。その素晴しい憲章の文言に合致した行動をすることのできる、自立した機関に立ち帰らなければならない。微妙な分野だからと言って、引き下がってはならないのだ。疾病をまた以前と同じように、きちんと研究できるようにしなければならない。研究を不自然に加工したり、破壊したりしてはならないのである。放射性降下物の害を受けた国々で、生まれてくる子供たちに、どういう遺伝的変異が見られることになるか、五世代ほどにわたって観察を続ける必要がある。が、誰がするというのか。被災者たちのリハビリと治療に専念できる人たちが必要だが、いったい誰がするのか。子供たちや妊婦たちをもっとよりよく守る仕事は、いったい誰がするのか。原子力発電所のある豊かな国々は、チェルノブイリの被災者たちのもとに、ベラルーシはもちろん、害を受けたあらゆる地域に出掛けていって、救援をするべきなのである。

商用原子力施設の推進という公式任務をＩＡＥＡから取り上げなければならない。国連のこの機関には、もっと別の重要な仕事が待っているのだ。プルトニウムとウラニウムをはじめとして、核ミサイルや軍事および商用原子力施設の解体から生まれる核分裂物質の総体の監視である。核兵器の数が急激に増え、保有国も増えていくのを、ＩＡＥＡは防止すべきであっただろう。ＩＡＥＡはその役を果さなかった。原子力が生まれて以来、二世代の間に蓄積してきた放射性廃棄物を、これから先、ＩＡＥＡは監視していくべきであろう。この監視は何世紀も続いていくのである。

## 文献

1　Belbéoch B. and Belbéoch R. : Tchernobyl, une catastrophe. Quelques éléments pour un bilan. Edition Allia, 16 rue Charlemagne, Paris IVe , pp 220. 1993.

2 Schtscherbak J. : Protokolle einer Katastrophe (Aus dem Russischen von Barbara Conrad) Athenäum Verlag GmbH. Die kleine weisse Reihe. Frankfurt am Main, 1988.

3 Tribunal Permanent des Peuples. Commission Internationale de Tchernobyl : Conséquences sur l'environnement, la santé, et les droits de la personne. Vienne, Autriche, ECODIF- 107 av. Parmentier, 75011 Paris, ISBN 3-00-001533-7, pp 238, 12-15 avril 1996.

4 Yarochinskaya A. : Tchernobyl; Vérité interdite (traduit du russe par Michèle Kahn). Publié avec l'aide du Groupe des Verts au Parlement Européen, Artel, Membre du Groupe Erasme, Louvain-la Neuve, Belgique, Ed de l'Aube, pp 143; 1993.

5 OMS. Rapport d'un groupe d'étude : Questions de santé mentale que pose l'utilisation de l'énergie atomique à des fins pacifiques. Série de Rapports Techniques, No 151, pp. 59, OMS, Genève, 1958.

6 Les conséquences de Tchernobyl et d'autres accidents radiologiques sur la santé. Conférence Internationale organisée par l'OMS à Genève, 20-23 novembre 1995. Actes non publiés.

7 IAEA. One decade after Chernobyl. Summing up the Consequences of the accident. Proceedings of an International Conference, pp 555, Vienna 8-12 April 1996. Sales and Promotion Unit, International Atomic Energy Agency, Wagramstr. 5 , P.O: Box 100, A-1400, Vienna, Austria.

8 Documents Fondamentaux de l'Organisation Mondiale de la Santé. 42e édition, pp 182, OMS Genève, 1999.

9 OMS. Effets génétiques des radiations chez l'homme. Rapport d'un groupe d'étude réuni par l'OMS; pp 183, OMS, Palais des Nations, Genève, 1957.

10 Programme de la Conférence Internationale organisée par l'OMS à Genève, du 20-23 novembre 1995. Les conséquences de Tchernobyl et d'autres accidents radiologiques sur la santé. Le Programme peut être obtenu à Genève WHO/EHG/1995.

11 Health consequences of the Chernobyl accident. Results of the IPHECA pilot projects and related national programmes. WHO/EHG 95. pp 519. WHO Geneva 1996.

12 Okeanov A.E. et al.: Analysis of results obtained within «Epidemiological Registry» in Belarus. Geneva; the Russian version can be obtained at the WHO (unpublished document WHO/EOS/94.27 and 28) Geneva Switzerland, 1994

13 Bandahevsky Yu.I. and Lelevich V.V. : Clinical and experimental aspects of the effect of incorporated radionucleides upon the organism, Gomel, State Medical Institute, Belorussian Engineering Academy. Ministery of Health of the Republic of Belarus, pp 128. 1995.

14 Okeanov. A.E. : Conférence à Minsk. Die wichtigsten wissenschaftlichen Referate. International Congress «The World after Chernobyl» Minsk 1996

15 Petridou E, Trichopoulos D., Dessypris N., Flyzani V.,Haidas S., Kalmanti M., Koiouskas D., Kosmidis H., Piperopoulou F. and Tzortzatou F.: Infant leukaemia after in utero exposure to radiation from Chernobyl. Nature, Vol. 382, 352-353, 1996

16 Stewart A.M.,Webb J., Hewitt D. A Survey of Childhood Malignancies, Brit.Med. J. 28 June 1958, Voli, p. 1495-1508

17 Viel J.-F., Conséquences des essais nucléaires sur la santé: quelles enquêtes épidémiologiques? Médecine et Guerre Nucléaire, Vol. 11, p 41-44, janv.-mars 1996.

18 Nesterenko V.B. : Chernobyl Accident. Reasons and consequences. The expert Conclusion. Academy of Science of Belarus. pp. 442. Traduit du russe par S. Boos. SENMURV TEST, Minsk 1993.

19 Nesterenko V.B.: Chernobyl accident. Radioprotection of population. Institute of Radiation Safety «BELRAD». pp 180, Minsk 1998

20 European Commission, Atlas of Caesium Deposition on Europe after the Chernobyl Accident, Rep. EURO-16733, EC, Luxembourg (1996).

21 Bandazhevsky Y.I. : Structural and functional effects of radioisotopes incorporated by the organism. Ministery of Health Care of the Republic of Belarus. Belarussian Engineering Academy, Gomel State Medical Institute, pp 143, 1997.

22 Bandazhevsky Y.I.: Pathophysiology of incorporated radioactive emissions. Gomel State Medi-

cal Institute. pp 57, 1998.
23 Titov L.P., Kharitonic G., Gourmanchuk I.E. & Ignatenko S.I. : Effect of radiation on the production of immunoglobulins in children subsequent to the Chernobyl disaster, Allergy Proc. Vol. 16, No 4, p 185-193, July- August, 1995.
24 Drobyschewskaja I.M., Kryssenko N.A., Shakov I.G., Steshko W.A. & Okeanov A.E. Gesundheitszustand der Bevölkerung, die auf den durch die Tschernobyl-Katastrophe verseuchten Territorium der Republik Belarus lebt. p91-103, dans : Die wichtigsten wissenschaftlichen Referate, International Congress «The World after Chernobyl» Minsk 1996.
25 Vassilevna T., Voitevich T., Mirkulova T., Clinique Universitaire de Pédiatrie à Minsk.1996. Communications personnelles.
26 Amnesty International: BELARUS . Possible Prisoner of Conscience - Professor Yury Bandazhevsky. AI index : EUR 49/27/99, 18 October 1999.
27 Dubrova Yu.E., V.N. Nesterov, N.G. Krouchinsky, V.A. Ostapenko, R. Neumann, D.L. Neil, A.J. Jeffreys (1996). Human minisatellite mutation rate after the Chernobyl accident. Nature, 380:p.683-686, 25 avril 1996.
28 Goncharova R.I. & Slukvin A.M., Study on mutation and modification variability in young fishes of Cyprinus carpio from regions contaminated by the Chernobyl radioactive fallout. 27-28 Octobre 1994, Russia-Norvegian Satellite Symposium on Nuclear Accidents, Radioecology and Health. Abstract Part 1, Moscow, 1994.
29 Ellegren H., Lindgren G. Primmer C.R. & Møller: Fitness loss and germline mutations in barn swallows breeding in Chernobyl. NATURE, Vol 389, pp. 593-596, 9 October 1997
30 Goncharova R.I. & Ryabokon N.I.: The levels of cytogenetic injuries in consecutive generations of bank voles, inhabiting radiocontaminated areas. Proceedings of the Belarus-Japan Symposium in Minsk. «Acute and late Consequences of Nuclear catastrophes: Hiroshima-Nagasaki and Chernobyl», pp. 312-321, Oct 3-5, 1994 31)

31 Goncharova R.I. & Ryabokon N.I., Dynamics of gamma-emitter content level in many generations of wild rodents in contaminated areas of Belarus. 2nd Intern. 25-26 Octobre 1994, Conf. «Radiobiological Consequences of Nuclear Accidents».

32 Baker R.J., Van den Bussche R.A., Wright A.J., Wiggins L.E., Hamilton M.J., Reat E.P., Smith M.H., Lomakin M.D. & Chesser R.K. : High levels of genetic change in rodents of Chernobyl. NATURE , Vol 380, pp. 707-708, 25 April 1996

33 Hillis D.M., Life in the hot zone around Chernobyl, Nature, Vol. 380, p 665 à 666, 25 avril 1996.

34 The World Health Report 1997 / Conquering suffering, Enriching humanity, pp.162, Distributed at the World Health Assembly (WHA), 1998.

35 Hartlmaier K.M. : Es geht nicht nur um Contergan. I. Mai begint der grosse Prozess. Er trifft grundsätzliche Fragen. Zahnärztliche Mitteilungen, Nr. 9, pp. 427-429, 1968.

36 Lazjuk G.I., Satow Y., Nikolaev D.L., Kirillova I.A., Novikova I.V., and Khmel R.D.: Increased frequency of embryonic disorders found in the residents of Belarus after Chernobyl accident. Proceedings of the Belarus-Japan Symposium «Acute and late Consequences of Nuclear Catastrophe: Hiroshima-Nagasaki and Chernobyl»; p. 107-123, Belarus Academy of Sciences, Minsk Oct. 3-5, 1994.

37 Lazjuk G.I. et al.: Genetic consequences of the Chernobyl accident for Belarus Republic (published also in Japanese in Gijutsu-to-Ningen, No 283, p.26-32, Jan./Feb.. 1998) Research Activities about the Radiological Consequences of the Chernobyl NPS Accident. p.174-177, Edited by IMANAKA T. Research Reactor Institute, Kyoto University, KURRI-KR-21; March 1998.

# 第三部　チェルノブイリ人民法廷より

ロザリー・バーテル／ソランジュ・フェルネクス／ミシェル・フェルネクス

# 第一章　ＩＣＲＰについて　ロザリー・バーテル

チェルノブイリの問題は私たちの社会のたいへん深いところに根を下ろしています。真に、構造的な問題なのです。ここで働いている抑圧のメカニズムを、見極めなければなりません。また、チェルノブイリの問題を世論に晒していくことが必要です。チェルノブイリが科学の問題であるというのは、間違いです。これは抑圧の問題であり、私たちが目にしているとおりの劇的な帰結をもたらした、政治決定の問題なのです。

国際原子力機関（ＩＡＥＡ）が、チェルノブイリに関する一九九一年の報告の著者たちを――問題は大袈裟に考えられすぎていた、病気はどれも放射能とは何の関係もなかったと、宣言したそのまさに張本人たちを――報告会議に集合させたのがつい数日前です。このエキスパートたちを、これからの討論で批判の的にしていくことになります。

けれども、問題の根はもっと深いところにあるのです。ＩＡＥＡでいろいろと事が起こるよりもっと以前からの問題なのです。この組織は、予め打ち立てられていたメカニズムを非合理的な様式で適用しようとする、一つの警察力でしかありません。現在のところ、いちばん批判が集中しているのはＩＡＥＡです。ＩＡＥＡが被曝からの防護の体制を適用するやり方は、たいへんに冷酷です。けれども、この体制を作ったのはＩＡＥＡではありません。

私は一九六八年このかた、放射線の健康への影響に関する研究を仕事にしてきましたが、文献を調べると、きちんと細部にまで踏み込んだ重要な研究はほとんど、一九五一年よりも前の日付のものだということを発見した時には、驚きました。

一九五一年以後、神話が打ち立てられたのです。こういう神話です。低線量の被曝の影響は、見出すことが不可能であるというのです。一九五一年はたいへん重要な日付です。大気圏核実験の施設がネヴァダに開かれたのがこの年です。アメリカ大陸に開設された最初の実験場でした。実験は五〇〇回以上も行なわれ、北半球の隅々にまで、降下物が拡散することになりました。まさにこの時期から、低線量の被曝は危険がない、有害な影響を記すことはできないと、巧妙に組み立てられたプロパガンダによる、お触れが出されたのです。

広島や長崎のことを調べていて分かったことですが、この時から、戦争のシナリオをどういう結末に向けていくのか、ということばかりが研究されるようになりました。どれだけの人数が直ちに死亡するか、どれだけが戦闘能力を失うか、といったことを知ろうということでした。研究者たちはこんなことばかりに関心を集中し、こんな計算ばかりしていたのです。流産や堕胎、死産、病気の子どもたち、長期にわたる影響といったことには関心をもちませんでした。研究領域はたいへん偏ったものになり、悪影響については最小限に見積らなければいけないという状態が続いていったのです。

被曝によるこれまでの犠牲者は、私の見積りでは控え目に見ても三二〇〇万人ほどになります。原子力産業の労働者たち、日本の原爆被災者たち、大気圏内核実験の犠牲者たち、過去の様々な事故や障害にともなう犠牲者たちが含まれます。そうした事故の中では、チェルノブイリの大事故による犠牲者たちのことがもっとも重大です。目を覆う惨事はまだ終わってはいません。明日、明後日、議論していくのは、このことです。

官僚たちが「重大」という言葉をどういうふうに定義して使っているかを見ていきますと、社会全体にとってどうか、ということです。個々の人にとってどうか、ということは考慮されません。個人の観点を入れてくると、問題はまるで違ったふうに見えてくるのですが。

私の考えでは、一九五四年は別の意味でも大きな転換点でした。水素爆弾の実験が始めて成功(軍事の立場から見てという意味ですが)したのが一九五四年です[訳注1]。水爆によって、原爆の爆発にさらに、限りない火の力が加わったのです。広島や長崎で使われた形式の原爆では、火の力は限られていました。水爆の場合は違います。ですから、西側の列強、特にアメリカが戦略ドクトリンの中核に原水爆を据えることを決定したのが、この一九五四年なのです。

商用、あるいは自称「平和利用」の、原子力プログラムが実施に移されるのがこの時代です。それによって、北アメリカを隅から隅までを一つの巨大な爆弾製造工場として編成することになりました。ウラニウム鉱山、濃縮工場などだけでなく、物理学や原子力技術を教育する大学なども共犯関係に入っていきます。民間の協力を確かなものにする必要がありました。国際放射線防護委員会（ICRP）[訳注2]が組織されるのもこの時期です。

核兵器の機密の只中に誕生したこの組織は、誕生の瞬間から既に、国家機密の中に浸っていました。男性ばかり一三人の委員会です（一九九〇年にはじめて女性が加わりました）。いろいろな定義を練り上げるのも、決定を下すのも、この一三人なのです。[訳注3]メンバーを補充する時の人選も、委員会自身がするので、自足的な継続をしていきます。放射線防護基準の勧告を検討して決めるのもこの人たちです。その数値がすべての国々によって採用されるのですし、IAEAが適用する様々な規則も、この基準をベースにしています。チェルノブイリに際してIAEAは、このICRPの基準をたいへん冷酷な形で適用したのですし、それ以外のたくさんの様々な場合にもそうでした。

訳注1　アメリカが最初の水爆実験をしたのは一九五二年一一月一日。ソ連の最初の水爆は一九五三年八月一二日に爆発している。一九五四年にはアメリカはビキニ環礁で水爆実験を繰り返した。三月一日の実験では直径六キロメートルの火の玉ができ、八〇〇〇万トンの土砂や珊瑚が吹き飛ばされた。ソ連がこれに対抗する実験をしたのは一九五五年の一一月であった。

訳注2　Commission internationale de protection radiologique：一九二八年の第二回国際放射線学会で設立された民間団体。

ＩＣＲＰの文書を研究するのはたいへん重要なことです。一九九〇年版の勧告(訳注4)に被曝の「一時的な」影響のことが書いてあるのを読んで、衝撃を受けました。そうした影響はたいして重大でもないし、保障も認定も必要ないと言っています。しかしこれがまさに、人々を苦しめている当の問題で、世界中に周知させる必要がある問題なのです。この問題が存在することをＩＡＥＡは常に否認してきました。けれども実のところ、ＩＣＲＰは、存在自体は認めています。ＩＣＲＰは控え目に一歩下っていますが、職業的信頼性が問われているのです。この一三人の「専門家」には、そういう影響は存在しません、とか、それは放射線とは何の関係もありません、とか不正直に言明することはできません。で、放射線の健康への影響について語るのは、ＩＡＥＡの技師や物理学者任せにしています。これは問題の決定的な側面です。

定義というものにも、いろいろな使い方があるのですね。ハーヴァード大学ではそういうのを「表象ズラし」と言っています。裁判沙汰を避けたい、なんていう時には、たいへん器用に嘘をつきますよね。「事故」というものの定義がそういう使われ方をしています。チェルノブイリの事故の正確な定義を私は知りませんが、スリーマイル島についてはこういう思い出があります。あの人たちの「事故」の定義にははじめの七日間しか入っていませんでした。その後で起こったことはすべて、「除染」という定義の中に含められてしまったのです。事故に引き続いて人々が浴びた線量を話題にする時にも、そのはじめの七日間の線量に限定するのです。他にもこういうことがあります。発電所が正常に動いていたら、これこれの線量を浴びたであろう、というその数値を、この七日間の数値から差し引きます。また、バックグラウンドの数値も差し引きます。中国の核実験（この時代には大気圏内でした）の数値も差し引きます。事故によって受けた線量は、こうした操作の結果、はじめの七日間だけに実際に受けた線量で、そこから、もしかしたら受けたかも知れないけれども、実際には受けていない線量を差し引いた数値になります。これだけでも立派な欺瞞です。

チェルノブイリの事故の影響を、ボパール[訳注5]の事故の影響と比べてみると、実に大きな違いがあります。ボパールの場合には、影響の大部分は直ちに目に見えました。曝された人たちは直接の打撃を受け、その人たち自身にとっても、公衆にとっても、受けた被害は明白なものでした。一方、放射線に傷つけられるのは細胞ですし、被曝した人が病気になるまでに、潜伏期間がありま す。そこで、病気と放射線に曝されたこととをすぐには結びつけないようにします。精子と卵子

---

訳注3　私たち日本人としては、この一三人の中に一九九〇年以降、重松逸造が加わっていたことを知っておくべきであろう。ＩＡＥＡのチェルノブイリ事故調査に際して委員長を務め、犠牲者たちへの放射線の影響を否定する先頭に立ったこの医師は、スモン病、イタイイタイ病などでも常に加害者の擁護役として登場し、政治的な動きをした。

訳注4　一九七七年以来の全面改訂であったこの一九九〇年版は、二〇〇七年に新版が出るまで、国際的な基準として使われ続けた。実際の刊行年は一九九一年。

とが傷を負っても、結果が目に見えるのは何世代か後のことだったりします。その結果は恒久的なものになりますが、これこそ、原子力産業が否定しようとしていることなのです。

専門家たちは常に、遺伝的な影響、そして未来の世代への影響を最小限に見せようとしてきました。チェルノブイリにいる方が私に語ったのですが、これは、小さなスケールで始まり、そして時を追って巨大になっていく事故なのです。例えば堤防の決壊のような恐ろしい災害の時でも、本当にたいへんなのは最初のうちで、影響は時間とともに少なくなっていきます。そのまさに逆なのです。チェルノブイリでは反対に時間を追って重大なことになっていきます。心理的な観点からしても、実にたいへんなことです。未来の世代に傷を譲り渡していくことへの恐れが、一般の人々の間に高まっています。

ここではっきりさせておきたい点があります。放射線による健康への障害には、ＩＡＥＡが認めているものがある一方で、認めることを拒んでいるものがもう一方にあります。ＩＡＥＡは健康被害を二つに分けました。白血病を認めるしかなくなりましたので、現在は三つに分けています。

専門家たちが最初に認めたのは「放射線─起源の─死に至る─癌」です。一つ一つの語に注意していただきたいと思います。つまり専門家たちは、死に至る癌については存在を認めます。けれども、死には至らないと彼らがしている癌や良性腫瘍なるものについては、なかなか認めません。また、「放射線─起源の」癌しか考えに入れないわけで、他の原因による癌の成長を放射線が助長する、ということを認めるのは拒んでいます。一〇年という限度を設けているのはそのためです。そして、他の癌については放射線起源とは認めず、放射線によって成長を助長された癌も認めず、そういった種類の癌については、補償しないのです。

癌以外のもので、一まとめにされているものとしては、「生きて生まれた子どもたちにみられる、重度の遺伝性疾患」があります。ここでも、一つ一つの語に注意を向ける必要があります。「重大な遺伝性疾患」でなければいけない、ということはつまり、「たいへん稀で、たいへん重い病気」という風に読み替えのきく、古典的な病気ということです。喘息がごく普通に見られるのですが、認定されません。「生きて生まれた子ども」でなければいけない、ということは、死産は認定しないのですし、胎児の先天性畸形によって堕胎しても、認定しないのです。

催畸形性についてですが、子宮内で胎児が受けている障害については、今のところ彼らは「重度の精神遅滞」しか認めません。被曝したのが妊娠八週めから一五週めの間にあたる場合のみに限ってもいます。原子力産業の言うところの「重度の精神遅滞」は、挨拶に返事が返せない人と、

訳注5　**Bhopal**：インド中央部の高原に一一世紀からある都市。現人口は約一五〇万人。一九八四年一二月三日、ユニオンカーバイド社（現ダウケミカル。本社アメリカ）の工場で爆発事故があり、イソシアン酸メチル約四〇トンが環境に放出された。被害者は三六万人以上、うち死者は二万人を超えると言われている。責任者のウォレン・アンダスンは訴追を受けたが出廷せず、今もアメリカで安逸に暮している。

一人では食事ができない人のことです。それ以外の人はいっさい認定されません。極限の状態のものしか認定しないということです。汚染された地域で多くの人が苦しんでいる病気は、他に何種類でもあります。そうしたものもほとんど認定されないのです。

私たちが理解しなければいけないのは、こうした否認が構造的なもので、政治の状況の中から生まれてきたものだということです。チェルノブイリの様々な問題は大部分、共産主義体制によるものだ、当時の政治機構に原因があるのだ、ということが度々言われてきました。けれども西側にも同じ程度の秘密主義が存在します。合衆国で一九七九年に起こったスリーマイル島(訳注6)の事故を例にとって説明しましょう。

スリーマイル島の事故では二〇〇〇人の犠牲者が出ていますが、裁判所は未だにこの人たちの訴えに耳を貸していません。原子力産業が介入して最高裁に抗告し、スリーマイル島の事故で住民たちが曝された放射線は、健康に害をもたらすほどのものではなく、従って、どの住民の件に関しても、裁判にかける必要などないと、最高裁に認定させました。この決定はつい一カ月前(一九九六年三月)にくつがえりました。一九七九年の事件がやっと今になって審議されることになったのです。まず一一件が一九九六年六月にハリスバーグ連邦裁判所で審議されることになっています(訳注7)。

原子力産業はさらに重ねて介入をしてきました。専門家からの聴聞の仕方を定めた法を持ち出してきたのです。同じ分野の研究者たちと研究方法や成果が整合していなければ、専門家は証言できないというのです。そうして、原子力産業の何人もの関係者たちが、放射線起源の健康への悪影響の分野の専門家であると自己申告をしました。その結果、原告の用意した一二人の専門家のうち一人までが、不適格にされて外されました。犠牲者たちは、自分たちの側に立った発言をしてくれる専門家を欠いたままで法廷に臨まなくてはならなくなりました。こうした決定は、意見表明の権利と、法の裁きとの、構造的な否認に他なりません。

間近に迫っている原子力の危険の数々、というような言い方を私はさせていただきますが、原子力産業も次の事故に備えていますし、そうした事故が私たち皆を脅威に曝しています。あらゆる産業と同様、事故の可能性は常に内在していて統計的に予見もされますが、この原子力産業の場合、危険はそれにとどまりません。正常に機能しているさ中にも、放射性物質が日常的に放出されているのです。

訳注6　**Three Mile Island**：アメリカ合衆国ペンシルヴァニア州ハリスバーグ近郊にある川中島。ここにある第二原子力発電所で一九七九年三月二八日に、冷却機構が機能しなくなり、炉心が部分的に溶融する事故を起こした。レベル五相当とされる。

訳注7　六月に審議は行なわれたが、ハリスバーグ裁判所のシルヴィア・ランボ裁判長は、論拠薄弱であるとして、訴えを退けた。

放射線起源のいろいろな損害に関して、ＩＣＲＰの出している定義は極端に幅の狭いものです。これに対して、私たちは発言をしていかなければなりません。

この産業で働く人々や、この産業に脅かされている地域社会を、防護する役目を負った国際的な機関が存在しない、ということを断罪すべきであろうと思います。ＩＣＲＰは経済の「至上命令」を頭に入れて妥協をしました。彼らは放射線に対する防護という線に沿った発言はしません。ＩＣＲＰには公衆衛生や労働衛生の分野の専門的な教育を受けたメンバーは一人もいません。五〇％以上が物理学者で、こうした妥協を守り抜こうとします。事実上、全員がこの産業と深い結び付きをもっています。

人々が苦しんでいるのだということを、ＩＡＥＡは否定しますが、私たちはすべての人たちの前で事実として認定しなければなりません。犠牲者たちを重ねて犠牲にしようとするこの行政組織は断罪されるべきです。私たちは先進国の原子力産業の推進役であるこのＩＡＥＡの中枢に存在する、贔屓《ひいき》や庇《かば》いを弾劾しなければなりません。この機関に国連が与えているお墨付は、エセ科学的なものです。

けれども、もっとも肝要な問題は、自然環境が、地球の生命が成り立つための基礎そのものが、傷ついてしまっているということです。ＩＣＲＰとＩＡＥＡの廃止を私は勧告いたします。生きることが可能な未来のために、それは最低限、必要なことです。

## 第二章　チェルノブイリ周辺の畸形　ソランジュ・フェルネクス

チェルノブイリの周辺では、畸形の事例がたくさんあります。私が今からご紹介しようと思うのは、ウクライナでの記録映画です。M・クズネツォフが九〇年代に、キエフの数カ所の施設やジトーミル地区、そして三〇キロメートル圏内の避難指定地域で撮影したものです。

植物学者はこう語っています。

「私たちがいるのは、チェルノブイリ発電所のまわりにある、避難指定地域の中です。たった一本の松の木から採取した種を、二五メートル四方の範囲に蒔いてみました。現在、若木は四歳になっています。私が植えた種類の松には、二五種類の畸形がこれまでに世界で知られています。巨大化、矮小化、針葉のつき方の非対称、枝のつき方の非対称、極端に長い針葉、また短い針葉、羽飾りのようになった葉など、色々ありますが、そのすべてが、この狭い土地の中で観察できます」そう言ってから彼は、若木たちの細部を示していますね。

獣医はこう語っています。

「ここはジトーミル(訳注1)地域です。チェルノブイリの事故の後で、実に多くの畸形の家畜の誕生を、私たちは目にしてきました。頭の二つある豚、こちらは下半身のない牛です。流産になることが多いですが、生まれてきて、数時間で死亡、ということもあります。これは、角三本の子牛ですね。これは生まれてすぐ死んだ馬です」


医師たちはこう語っています。

「後始末人たちから採取した生体組織の診断を、顕微鏡で行なっていたのですが、たいへん大きい黒い斑点が幾つもあるのですね。何かの間違いだと思いました。顕微鏡をセットし直したくらいです。放射性物質の巨大な粒子だったんですね。特に、プルトニウムです。文献を色々と調べました。プルトニウムを使ったウサギの研究がドイツにありました。他にはありませんでしたね。私たちのは、実験動物なんかじゃないんです。後始末人たちの生きた体なんです」


ジトーミルの助産婦はこう語っています。

「妊娠した人は、たいへん不安になります。妊娠の経過は良くありません。流産が増えています。その場合、胎児には畸形があることが多いですね。女たちは出血を起こします。ご覧に入れるのは、未熟で生まれた子ですが、長くは生きられません。哺育器に入れたわけですが、ほら、心臓の動きがたいへん弱く、不規則なのがお分かりになるでしょう。体のあちこちに赤い斑点が広がっていきます。血管腫ですね。」

正教会の祈祷音楽の、心をゆさぶるキリエをバックに、十数体の畸形の新生児たちの姿が並べられて、映画は終わっています。

ご覧に入れる写真は、アイルランドのチェルノブイリ子供基金のアディ・ロシュが貸してくれたものです。最近のもの（一九九五年末）で、ミンスクのものです。うち一人は、体の各部の末端、顔、そして脳など、多重にわたって畸形があります。この子は数カ月で亡くなりました。こちらの子どもは生まれた時から脳がありませんでした。両親にも見捨てられた、植物のような一生だったのです。そして、こちらの子供は口蓋裂が顔の上部にまで伸びています。手術の後、人工呼吸用のチューブを入れましたが、生きられませんでした。ナスチャちゃんは、両脚に欠損部があり、足先も曲っていましたが、アイルランドで手術を受け、成功しています（写真1～8）

出産前に診断を受けるのが義務になっていて、医師は両親に色々と助言をするわけですが、それでも毎日のようにこういう状態の赤児が出生しています。両親は事態を正面から受け止めるのが困難で、産んだ後で放棄してしまうことにもなるのです。死なずにすんだ子供は五歳まで小児

---

訳注1　ウクライナの都市。キエフの西、一二〇キロメートルほど。チェルノブイリからは南西に一五〇キロメートルほどである。この都市から北に進むと、ウクライナではいちばんの汚染地域がある。

病棟で育ち、その後、小児精神科に移されますが、生存はごく短い間です。

ミンスクにあるロゼ・ゴンチャロヴァ教授の遺伝学研究室で、スルクヴィン博士が鯉を使って研究をしました。その写真で、この悲しい報告を締め括りたいと思います。スルクヴィン博士はベラルーシとロシアとラトヴィアで魚の養殖の責任者を務めてきた方です。チェルノブイリから二〇〇キロメートルほどの場所で、養殖所を運営していました。水の物理的・化学的指標（窒素化合物・重金属）を、注意深く追尾してきました。損益がかかっていたからです。

問題の池の水源は上流にある湖で、そこから来る水は汚染されていません。けれども池の底には、チェルノブイリ事故の降下物、中でもセシウム一三七が溜って汚染されています。チェルノブイリから四〇〇キロメートルの、汚染されていない地域の池と、対比して研究は進められました。

親魚は八歳で、その汚れた池に八六年当時から住んでいる鯉です。放射能を測ると、体重一キログラムあたり八〇〇ベクレルほどで、それほど高いわけではありません。雌から採取した卵は孵化装置に入れられます。鯉たちは普通なら二〇〇万匹ほどの稚魚を産むはずです。ここでは、孵化して生育する稚魚は、その三〇％だけです。稚魚は浅い池で飼われています。

六カ月経ち、冬用の深い池に移す時に、少し大きくなった若魚を検査します。七〇％に多かれ少なかれ、目立った畸形があります。一番の驚きは、紫色の鯉たちです。一種の先祖返りで、ド

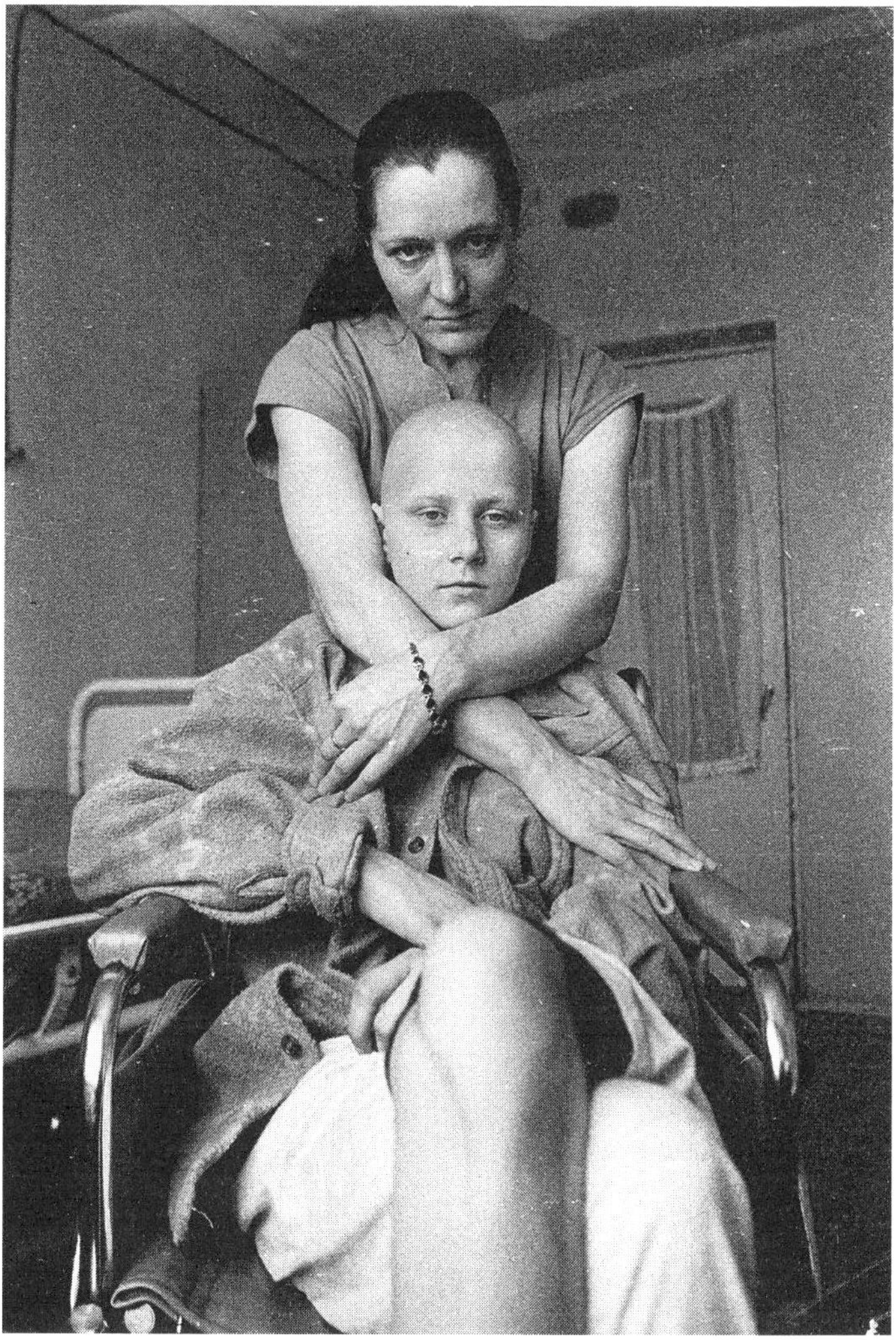

1 ナターシャとおかあさんとの、打ち解けたひととき。ナターシャはドイツでの手術が成功し、存命している。写真アナトリ・クレシュク

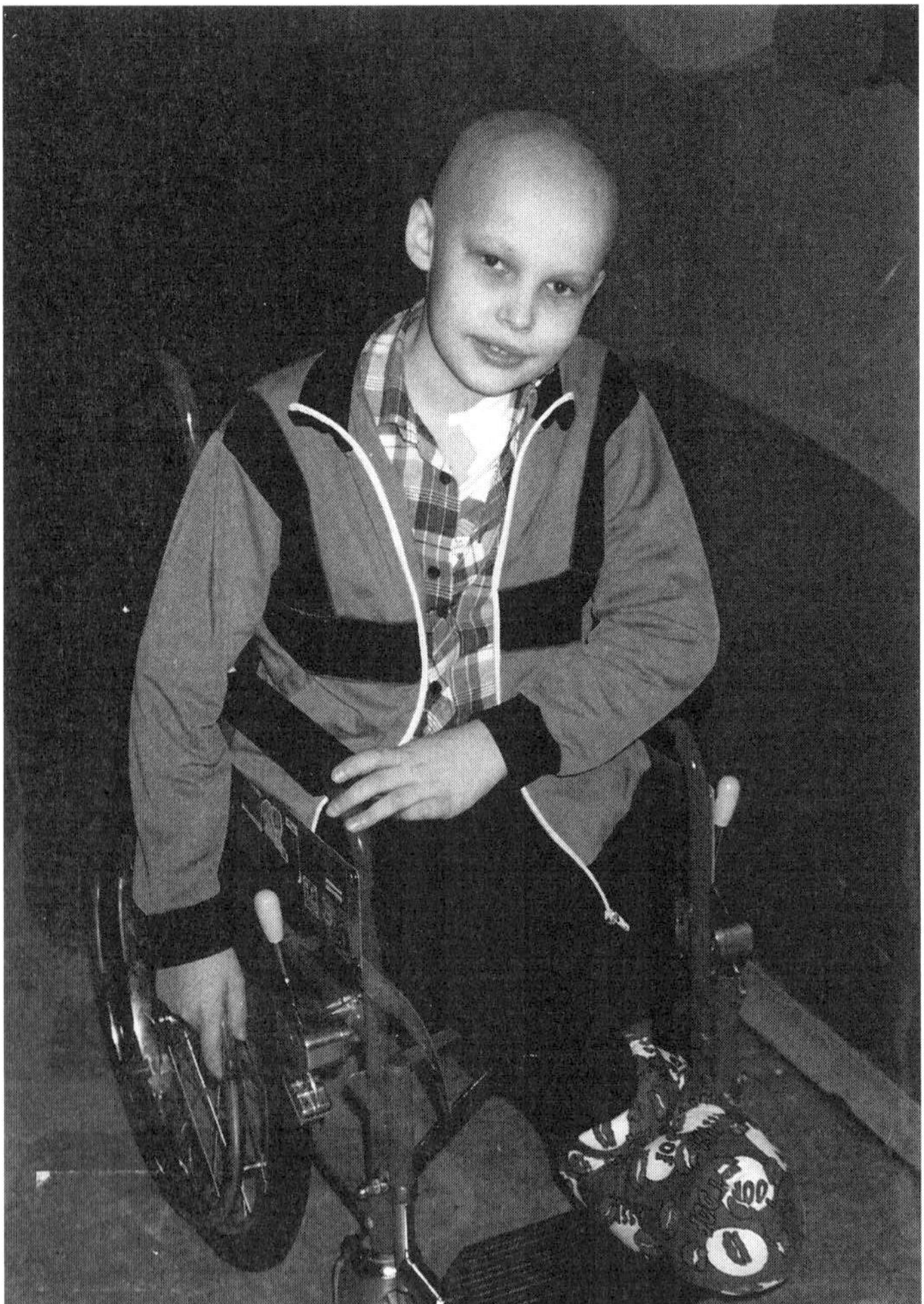

[2]重篤な腫瘍を手術。切除に加えて、化学療法も行なう。貧困に陥った国では、障害者が生き伸びるのは困難である。 写真：アディ・ロシュ

イツでは知られていたのですが、稀なものでした。これが畸形魚のかなりの部分を占めます。他に目につくものとしては、鱗《うろこ》の異様に小さなものとか、鰭《ひれ》のどれかが畸形だったり無かったり、鰓蓋《えらぶた》が無くて鰓が剥き出しのものとか、目の無いものや口が変形していたり、あるいは無かったりする魚、色素のない魚などです。

次に、汚れた池と、遠くの池とのそれぞれに放した産まれたばかりの稚魚を、二〜三日後に比較する研究が行なわれました。目の細胞に異常が見つかりました。汚れた方の池では、遠くの方の池の二〜三倍もの比率です。

受精卵が分割を繰り返して、胞胚《ほうはい》の段階を終えるあたりでの、両池の比較研究もされました。結果は同じようなものです。

汚染された池では、鯉の色々な病気も増えていました。例えば浮き袋の炎症です。これで魚は平衡が保てなくなります。原虫による病気や、寄生虫症、皮膚の感染症、鰓の壊死、細菌やウィルスで皮膚が赤くなる病気、プセウドモナス(訳注2)感染症などです。自然に備わっているはずの防護機構に問題がおきていることを示しているのです。

スルクヴィン博士とゴンチャロヴァ教授は結論として、鯉という水棲動物は、放射能の影響を

---

訳注2　pseudomonas：グラム陰性桿菌の一グループを指す名称で、様々なものが含まれる。

受けやすいのだろうという評価をしています。鯉は池の底に行って、堆積物の上面から五センチメートルくらいのところまで口を突っこんで餌を捜します。胃袋のない鯉は、餌の消化に時間がかかります。汚染された餌が長いこと腸内にとどまり、腸の長さも大したもので、大きなお腹のほぼすべてが腸だというような魚です。

この研究の結果はまだ分析し尽くされていないようですが、続けていけば、興味深いものになったはずです。誰も資金を出してくれなかったので、スルクヴィン博士は途中で放棄するしかありませんでした。彼の動物遺伝研究所から二〇〇キロメートル離れた池に通うガソリン代さえ、支払いが困難になったのです。

さて、昨日のことです。ＩＡＥＡの報告会が行なわれているわけですが、環境の部会で、水系に関しては放射能の影響というべきものは何もなかったというようなことを、報告者たちが断言したのです。そこで私は発言を求め、こう質問しました。「ベラルーシの国営の養魚場で、スルクヴィン博士が鯉の生育を研究していますが、ご存知でしょうか。そこでは稚魚の七〇％もが孵化せずに終わるのです。そして六カ月の稚魚の七〇％にははっきりと目立った畸形が生じています」

すると報告者はこう答えました。「そんな単純な問題じゃないんですよ。放射能を研究する時には、考慮に入れなければならないことがいろいろあります。例えば、湿度です」。私は養魚池

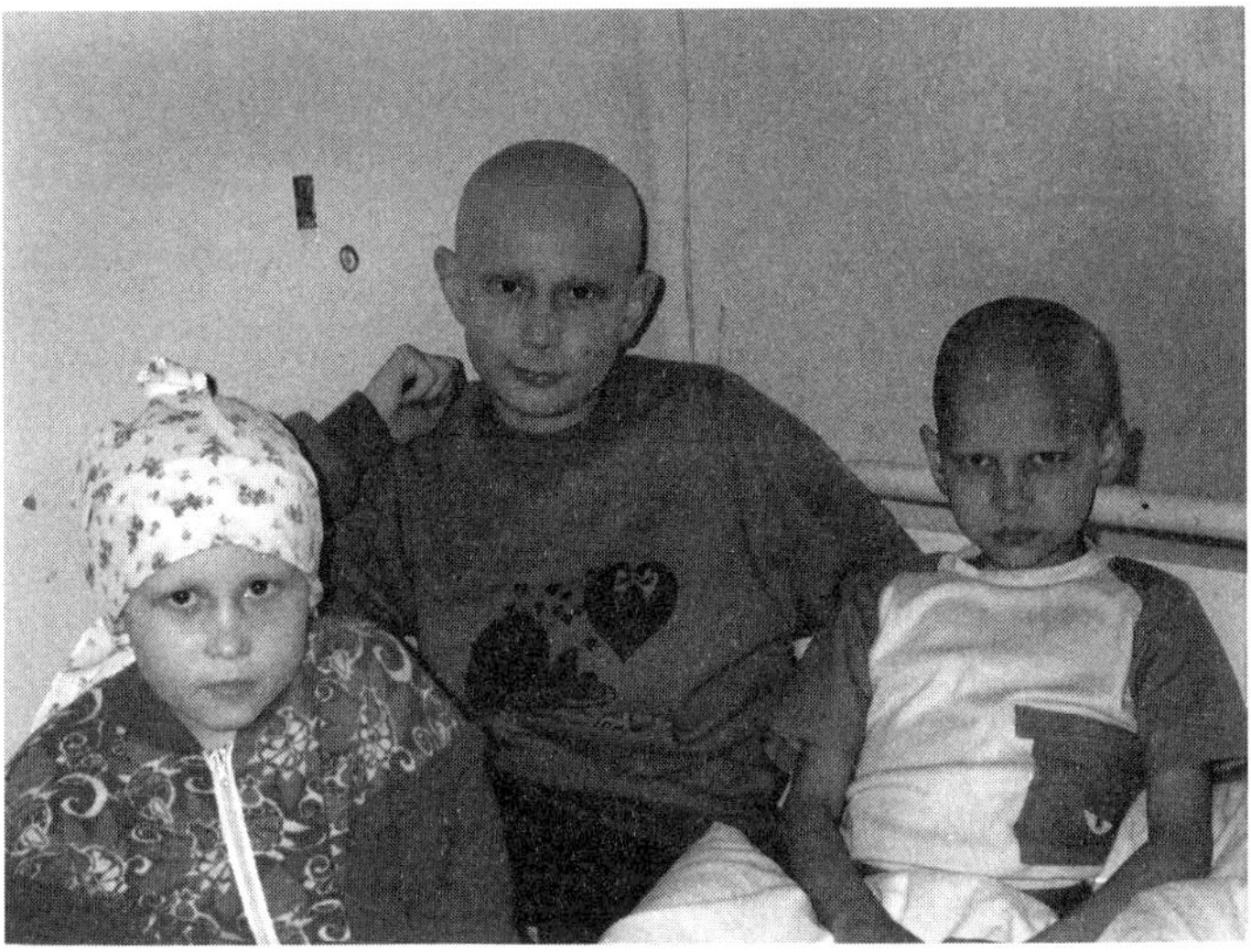

3 小児癌の予後は70％で良好である。ベラルーシ各地の癌センターは、立派な仕事をしている。 写真：アディ・ロシュ

の話をしていたんです。馬鹿馬鹿しいにも程があります。答が無様な逆効果に陥ったことに気付いた座長が、「質問に対する答になっていませんね」と言いました。学者が一人、素早く事態を収拾する発言をしました。曰く、研究はまだ進行途上であり、畸形の増大を結論できるような結果は今のところ発表されておらず、研究は継続する必要があって、とか何とか。スルクヴィン博士も、ゴンチャロヴァ教授も、ＩＡＥＡの報告会で研究結果を発表するべく招聘されていないことは、言うまでもないでしょう。

一昨日は健康被害が主題でした。報告者は、遺伝子の損傷はまったく存在しないと宣言しました。こんなことさえ言っ

ベラルーシでの届出義務のある畸形の発生率　1982～1993年
（新生児1000人あたり）

| 畸形種別 | セシウム137汚染地域 | | | | 比較対照地域（非汚染）（30地域） | |
|---|---|---|---|---|---|---|
| | 15キュリー/平方キロメートル超（17地域） | | 1キュリー/平方キロメートル超（54地域） | | | |
| | 1982～85 | 1987～93 | 1982～85 | 1987～93 | 1982～85 | 1987～93 |
| 無脳 | 0.28 | 0.35 | 0.24 | 0.54 | 0.35 | 0.37 |
| 脊椎破裂 | 0.58 | 0.76 | 0.67 | 0.83 | 0.64 | 0.84 |
| 口唇口蓋裂 | 0.63 | 0.99 | 0.70 | 0.90 | 0.50 | 0.91 |
| 多指 | 0.10 | 1.01 | 0.30 | 0.60 | 0.26 | 0.47 |
| 周縁部欠損 | 0.15 | 0.43 | 0.18 | 0.32 | 0.20 | 0.19 |
| 食道閉鎖 | 0.08 | 0.10 | 0.12 | 0.16 | 0.11 | 0.12 |
| 肛門直腸閉鎖 | 0.05 | 0.08 | 0.08 | 0.09 | 0.03 | 0.07 |
| ダウン症候群 | 0.91 | 0.82 | 0.86 | 1.02 | 0.63 | 0.98 |
| 多重畸形 | 1.04 | 2.40 | 1.41 | 2.10 | 1.18 | 1.47 |
| 総計 | 3.87 | 6.94 | 4.57 | 6.56 | 3.90 | 5.43 |
| 増加率（%） | 79 | | 44 | | 39 | |

たのです…「事故前の状態の記録が存在しないのですから、遺伝子損傷の起こり方が以前と変わったかどうか、はっきりさせるのはそもそも不可能なのです」と。

一番よく耳にする嘘ですね。事故の四年前の一九八六年から、ミンスクのラズューク教授が畸形の統計をずっととってきているんです（表）。四種類の重大な畸形のはっきりとした増加が、子供たちに観察されると教授は指摘しています。四肢のいずれかの欠損、多指、無脳などですが、お手許の写真をご覧になってください（写真1―8）。ラズューク教授もまた、IAEAの報告会での発表は許されていないわけです。

最後になりますが、一九九五年一一月のOECD報告書（訳注3）の一節を読ませていただきましょう。この一節は、放射能が健康を冒すことはないという考え方の典拠として、IAEAの報告会でも度々引用されています。特に、スコットランドの聖アンドルー大学のリー教授です。この方はユネスコの専門スタッフです。この報告書を編纂したチームを主導したのは、フランスの放射線防護安全研究所（IPSN）におられるアンリ・メチヴィエ（訳注4）さんです。

報告書はこんなことを言っているんです。

「高度な医学的検査の結果、健康という面でのいかなる異常も、放射線による被曝に原因を帰することはできない、という結論に達したのである」。その少し先にはこう書かれています。「結論として言えば……チェルノブイリの事故を参照基準としてあれこれ議論をするべきではないのである」。

先ほどご覧いただいたビデオ、子供たちの写真、そして魚の研究のお話もさせていただきまし

訳注3　**Tchernobyl dix ans déjà, Impact radiologique et sanitaire, OCDE Paris, novembre 1995** この報告書の作成には、日本原子力研究所の熊沢紳太郎や、現・原子力安全委員の久住静代らも関わっている。

訳注4　**Henri Métivier**（1942-）フランスCEA／IPSNの研究部門の最高責任者であった他、ICRPでは食品関連部門の責任者をつとめていた。一九九二年には**chevalier**に叙せられている。

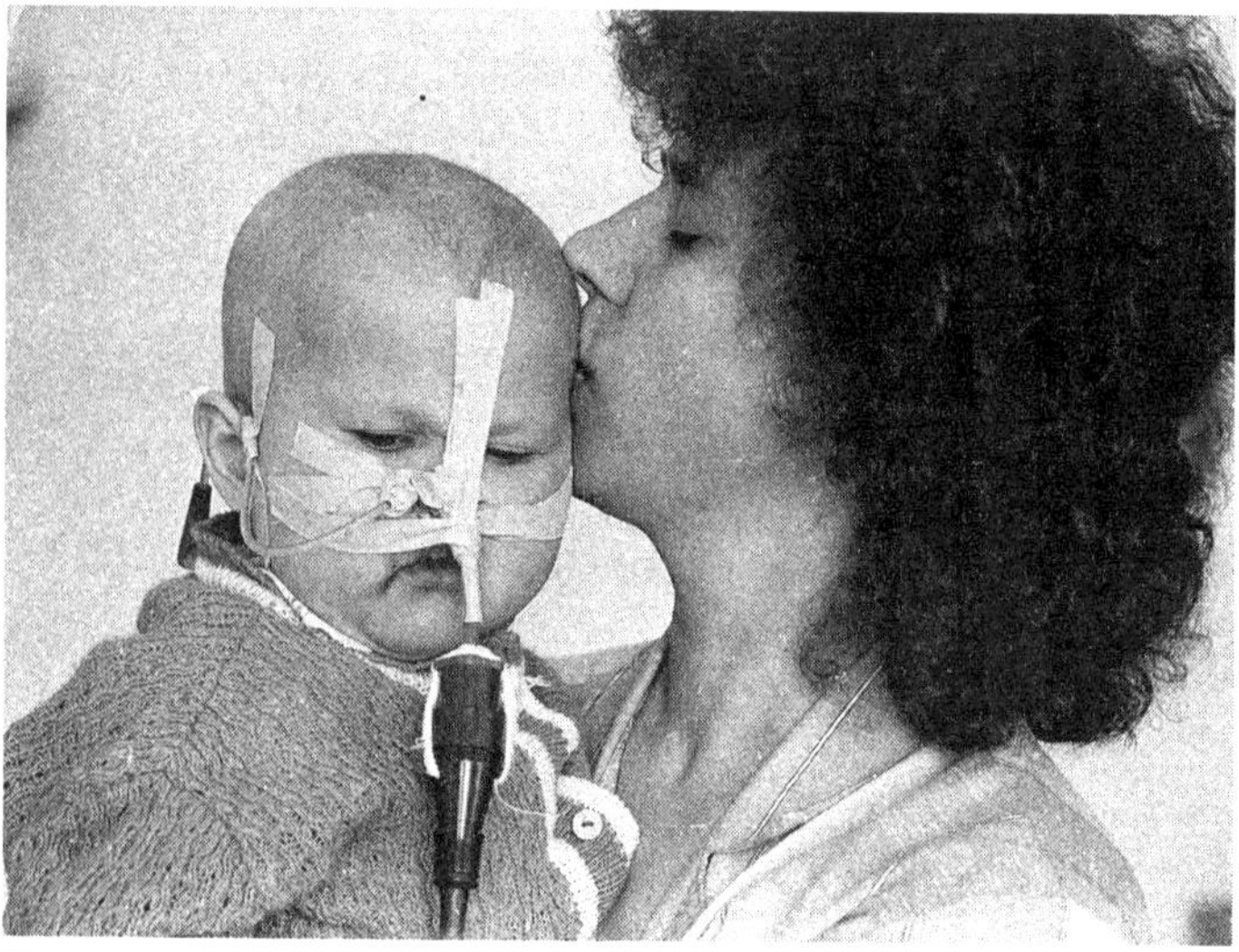

4顔面の多重の畸形に対し、手術後にチューブを挿入。この子供は直後に死亡した。写真：アディ・ロシュ

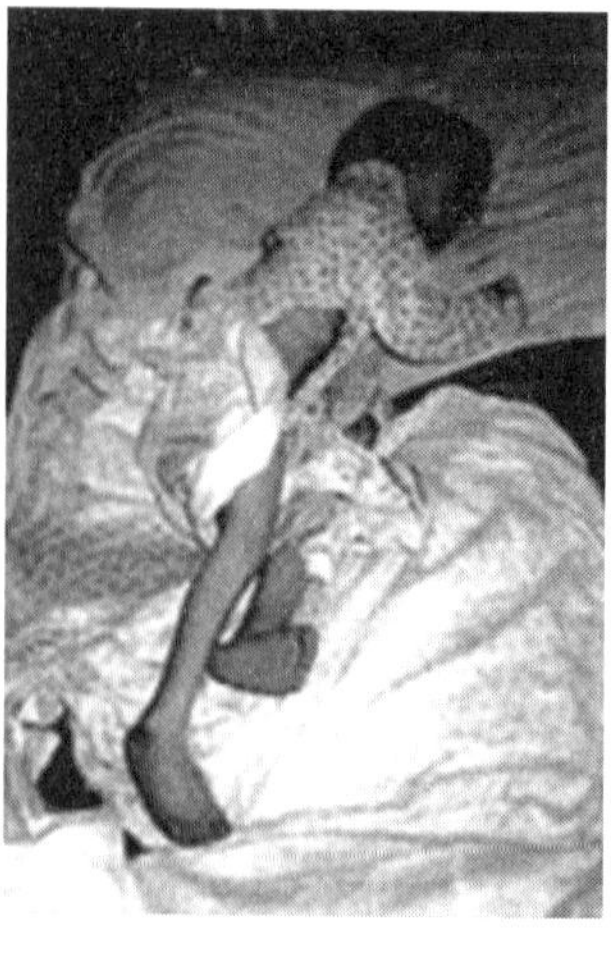

5多重の畸形。数日間の命。写真：アディ・ロシュ

たが、それだけで、ＯＥＣＤの報告書のような物の言い方がどれほど不道徳なものか、お分かりいただけると思います。本当に犯罪的なものです。自称専門家の類が、明かな事実を否認し続けるのを、許していてはいけません。彼らは原子力産業を僅かな期間、延命させるだけのためにそうし続けるのですが、その原子力産業こそは、持続的な発展と根本的に相容れないものなのだと私は思います。

## 討論

**エルマ・アルトファァタ**（訳注5）

専門家の皆さん全員に伺ってみたいことが一つあります。多くの方が嘘について語られました。そういう嘘は、原子力界＝政界＝学界という複合体の経済的利害からきているのでしょうか、それとも、事故が突き付けている問題が彼らの科学的パラダイムとぶつかってしまうからですか。そうなると問題がだいぶ違ってきます。私はこれはたいへん重要な点だと思うのですが、皆さんはいかがでしょうか。

訳注5　Elmar Altvater：（一九三八～）ドイツの経済学者。ベルリン自由大学教授。グローバリズム批判の著作で知られている。

ロザリー・バーテル

私たちの経済体制のもとでは、科学者は自立性がほとんどありません。通常、科学者は政府から金銭を直接受け取っているか、大学を通して間接的に受け取っているか、それとも産業界から受け取っているか、そのどれかです。

大衆は情報が必要ですし、鑑定が必要です。けれども、科学者に金を払って、本当は何が起こっているのか、知る助けになってもらえるだけの財力などありません。

弁護士のことでかつて起こっていたのと同じ問題です。今は、市民の利益という枠の中で仕事をする弁護士がいるようになりました。訴える人が訴訟を起こそうとしている時に、弁護士費用を市民が皆で出すのですね。そうでないと、弁護が受けられなくなってしまうからです。

私たちはたいへん複雑なテクノロジー社会を作りあげました。けれども、その最前線で危険に曝されている人たちが、起きていることを理解するのに必要な、科学者たちの助けを得ることができるようにはなっていません。

一九七八年に私は、低線量放射線の健康への作用に関する私自身の研究成果を発表しはじめました。診断のためのレントゲン撮影にともなうもののことです。すると、私の研究資金はすべて直ちに打ち切られてしまいました。二度と基金から援助されるべきでない人物の一覧表に、私の名が載せられ公表されました。私はさらに国立癌研究所から「貴女が研究主題を変更なさる暁に

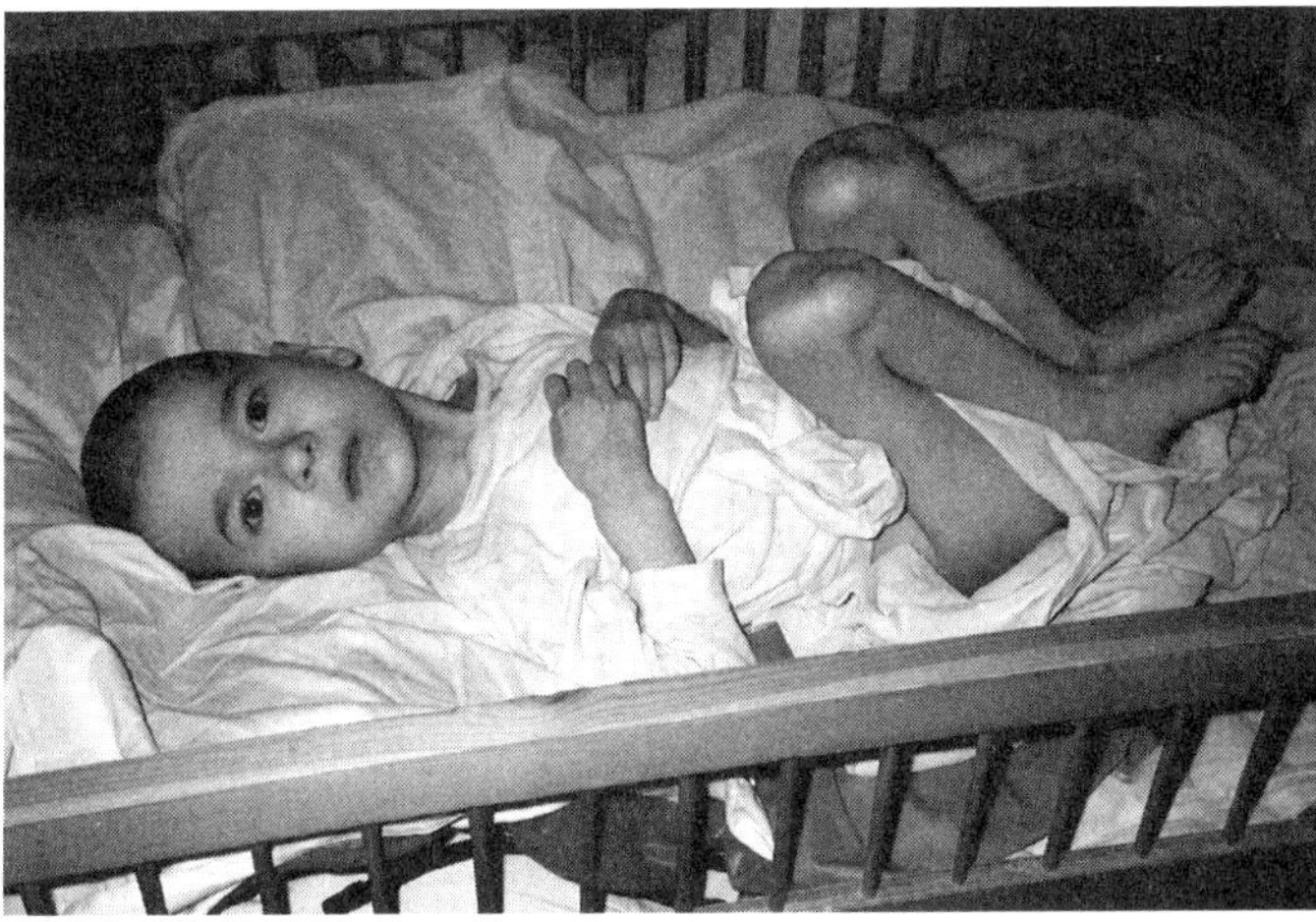

⑥ベラルーシでは、精神遅滞児童と畸形児童は、５歳になると、小児科病棟から出る義務があり、小児精神科病棟に移動させられる。そこで長生きする子供は数少ない。写真：アディ・ロシュ

は、直ちに支給を再開する用意がございます」という手紙さえ受け取りました。私は怒り心頭に達しました。あまりにも大きな衝撃でした。

「どうして科学者は自分の考えを表明しないのだろう」ということを考えるようになったのは、その頃からです。

たくさんの問題があります。

科学者は成果を公表するのも楽ではありません。政府の政策と相入れない結論の論文をどこか、例えば「アメリカ公衆衛生学会」とかに送ったとします。すると学会の人たちは、政府の研究機関で仕事をしている専門家のところへそれを送って、内容をチェックしてもらうことになるわけです。するとその専門家たちは「今日の学術知見によって肯定されるべき内容がまったく含

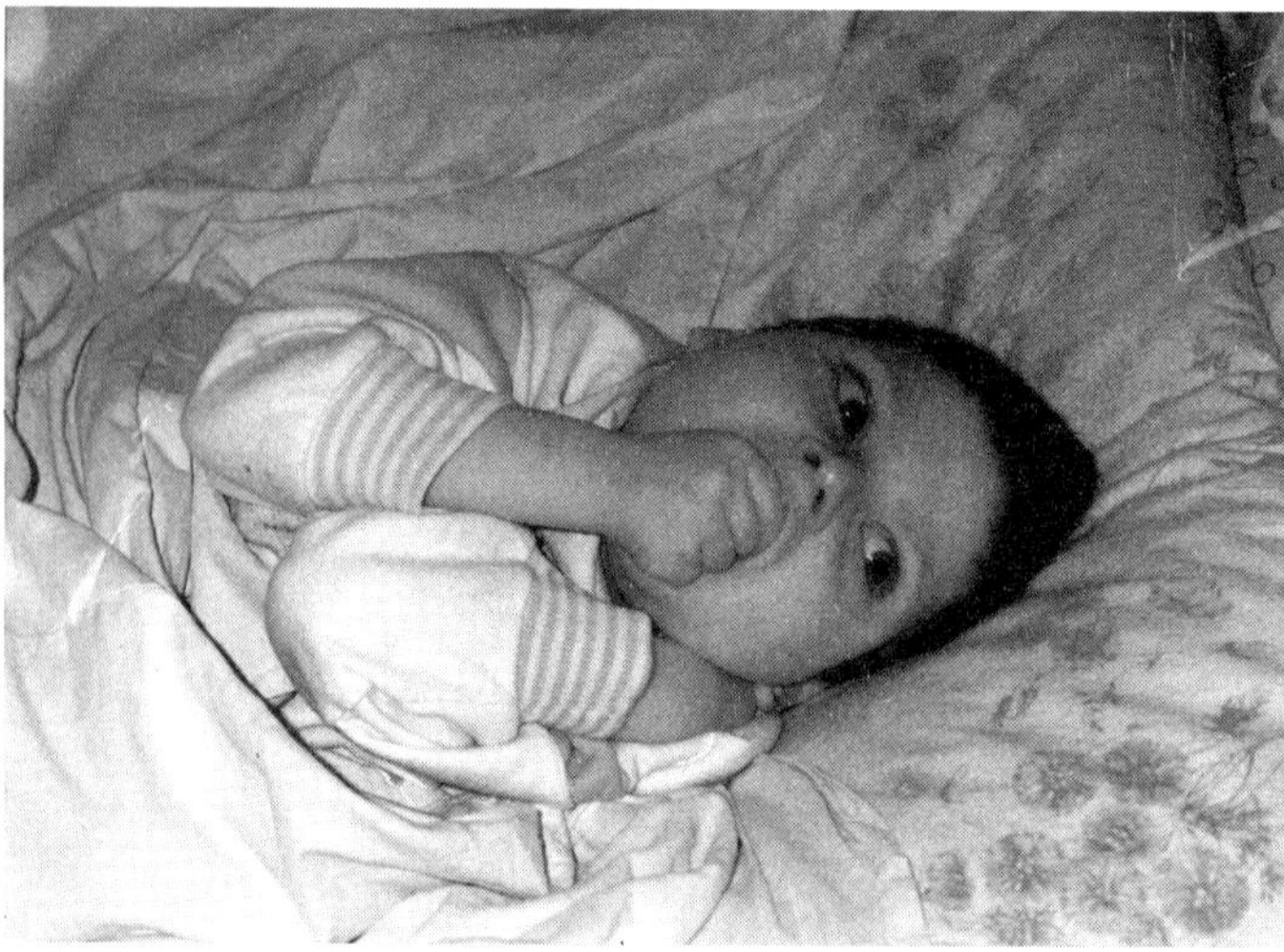

7脳の畸形と、無脳はベラルーシではチェルノブイリ事故後、２倍になった。写真：アディ・ロシュ

まれていません。出版すべきでないと思われます」といった付箋を付けて戻してきます。こういう具合ですから、発表は困難ですし、研究資金も断たれ、騒ぎが大きくなれば評判も失うことになるのです。

発言しようという意志のある科学者は大きな危険を引き受けているのです。社会がこの人たちを守らなくてはなりません。社会は、皆の役に立つ科学を必要としています。不当な社会的経済的代償を支払うことなしに、人々にとって危険な様々な事柄について発言のできる人たちを、社会は必要としているのです。

これは根本的な問題です。

**ソランジュ・フェルネクス**

先刻お話しをさせていただいたＯＥＣＤ

の研究について、コメントさせていただきます。

その報告書には放射線防護安全院（ＩＰＳＮ）のアンリ・メティヴィエ博士の署名があるわけですが、そこに書かれている嘘八百の言明を読んで、衝撃を受けました。ＩＰＳＮは産業の生み出す放射線から公衆を防護することになっている行政機関です。環境省の管轄下にあるはずのものです。フランスでは、困ったことですが、ＩＰＳＮの研究者たちは原子力産業と結びついてしまっています。研究の資金源はそこのわけですし、研究室もそれで成り立っています。

資金の提供を受け続けるためにＩＰＳＮが、こういう署名をして嘘に満ち満ちた言明をカバーし、フランスの原子力政策の支えになるしかなかったとすれば、たいへん残念です。どなたもご存知のように、フランスは原子力政策を今まで通りに続けようとしています。原子炉を世界中に売りたいのです。東欧に、アジアに、アフリカに、中東に。もっと余所にもです。

## ヌーラ・アハーン（原注1）

ご質問にお答えしようと思いますが、財源をどの研究にどれだけ配分するかというのは政治的な決定で、科学的な決定ではないと私は考えています。ヨーロッパ議会で私たちは、放射線の人間への影響に関する研究をヨーロッパ連合が財政支援するよう、力を入れて闘っています。

---

原注1　Nuala Ahern: アイルランドの心理学者。カウンセラー。環境活動家。欧州議会議員（一九九四〜二〇〇四）。

二つめの質問は科学の教義に関するものでした。そうですね。パラダイムの問題はあると思います。原因と結果との関係が一次元的だという考え方には問題があります。どうして免疫系の問題や疾病学的問題がまったく研究されないできているのか、多くの医師たちが質問しています。それらはＩＡＥＡにとって、科学的に無意味である、と専門家たちは答えます。

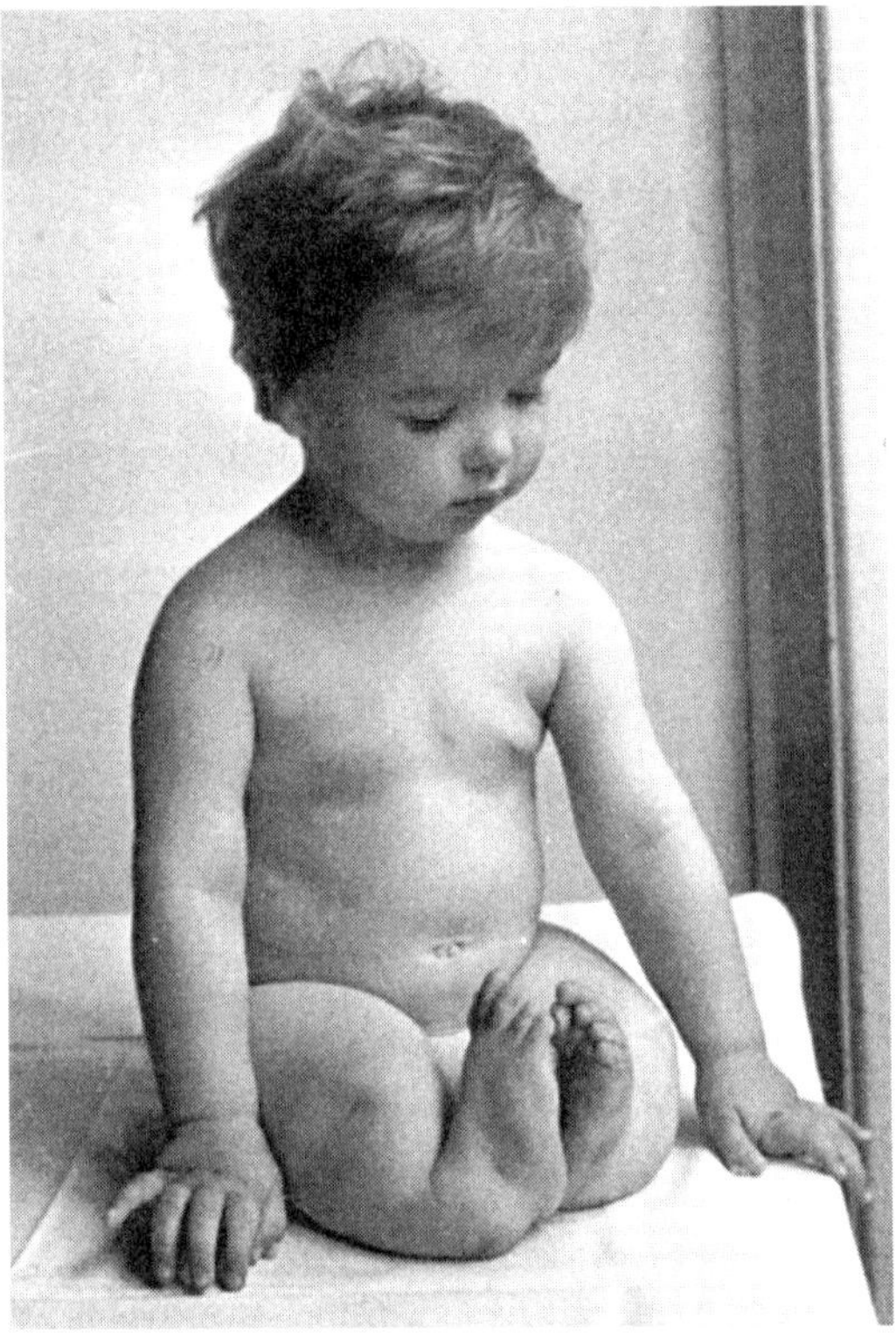
8 アイルランドで何種類もの手術を受けることになるナスチャちゃん。旅立ちの前。写真アナトリ・クレシュク

こんな風に勝手にものごとを決めつけるＩＡＥＡの役人たちというのは、いったい何様だというのでしょうか。

**ミシェル・フェネクス**

放射能が生み出すのとまったく同様な畸形を生み出す化学物質の力に関して、二点、コメントさせていただきます。脚部の先が肉腫で終わっていて、足先は湾曲している、この女の子の写真⑧ですが、年輩の人はきっと「サリドマイド児」だと言うと思います。そうではないわけです。これはずばりチェルノブイリ児ですが、こういう状態の子どもは何人もいるわけです。左腕のない子どもだけで一〇人はいます。腕のない子どもというのは世界中、どんな国にでもいますが、こんな風にまとまった数の子どもたちがいる、というようなことはありません。例外が、一つには、妊娠中の女性に処方されたサリドマイドによるものと、もう一つが今のロシア、ベラルーシ、ウクライナで見られる症例の数々なのです。

サリドマイド裁判の時に判事たちは、腕のない子どもたちや脚のない何千という子どもたちが、本当に、母親の妊娠中に摂った錠剤の犠牲者なのだと、証明することができませんでした。実に専門家たちはこう言ったのです、「事象に先立つ統計が不在であるし、過去にも腕のない子どもたちは存在した」と。

二日前ですが、ＩＡＥＡの専門家たちがこのウィーンで同じことを言いました。用いる論法は同じでした。「事故以前の統計が存在しないので、事故が畸形を引き起こしたと証明することは不可能だ」と言うのです。

サリドマイドの時とは違って、ベラルーシ人間遺伝学研究所には一九八二年から今日に至る立派な統計があります。畸形の数は国の全体について言うと、二倍になっています。中には、汚染地域に限って見れば一〇倍になっているものもあります。

専門家たちがそれを話題にしない、ということが悲劇なのです。ラズューク教授はここ一四年間の畸形のデータを遺伝学研究所のコンピュータに数値化して入れています。一九八二年から一九九四年の、医師が行政に届け出ることが義務付けられている、無脳、周辺部欠損、多指、脊椎破裂といった畸形に関する数値の表を、私は、ミンスクに行った時にラズューク教授からいただいていました。私のミンスク報告には、そのうちの二つが使ってあります。統計が存在しないという発言をしたその専門家に、私はまさにその日の朝、その報告をこの手で渡してあったのですよ。その専門家が「この国には届出制度がないので、事故の結果としての畸形の増加を指摘することはできない」と言った時、ラズューク博士は発言を許されませんでした。

腫瘍が存在しない（甲状腺癌を除けば）、という言明も専門家たちの同じような沈黙に囲まれています。ウィーンの会議の二週間前に私はミンスクで、チェルノブイリ子ども基金(訳注6)の会議で、オケアノフ教授が、事故のあった発電所で三〇時間以上働いた後始末人では、膀胱癌、脊髄癌、白血病の統計上有意な増加がみられたという事実を強調するのを耳にしました。女性の後始末人では、甲状腺の癌が有意に増加していました。この他にも多くの種類の癌（肺癌、乳癌、ほか）で増加の傾向が見られます。

ＩＡＥＡの会議の壇上の席にオケアノフ教授が座っていましたので、後始末人の甲状腺以外の癌の詳細を、被曝時間の長短との関連で示していただけないかとお願いをしました。彼の答は、まだ研究途上であるし、得られた結果から未だ結論を引き出すに至っていないという、よく聞く類のものでした。びっくりしてしまいましたが、それでも私はオケアノフ教授の表を事務局に渡してきました（ＩＡＥＡの年報〈一九九六年九月刊〉ではこの個所の討論経過がまったく変えられてしまっている。実際には、オケアノフ教授は、データを自分で提示した上で詳しく説明もしたのである。その中に、私が質問に使った表も含まれている。ただ、私の質問への明確な答えは引き出せなかったということなのだ）。

国際組織から財政支援を受けている時には、発言にたいへんな勇気がいります。それだけでなく、世界中どこでもそうだと思いますが、大学人としての職歴形成に困難が出てくることでしょう。

---

訳注６　日本にも同じような名称の団体があるが、ここで話題になっているのは、ミンスクに本部のある団体である。

## 第三章　チェルノブイリに関する公式会議について

ミシェル・フェルネクス

アメリカ合衆国エネルギー省（ＤＯＥ）と欧州委員会とが報告会を開いた時、私はミンスクにいました。プログラムの表紙にショックを受けました。表題の冒頭に「これから起こる事故」と書かれているのですが、それが単数形でなく複数形になっているのです。

それぞれの当局は、これから起こる事故に備えておくのが重要だと考えているわけです。ＩＡＥＡの報告会では、戦争に備えるように事故に備えよ、とさえ述べられたのでした。いつ勃発してもよいようにぬかりなく、というわけです。

ミンスクでは、一九九六年三月の二二日、二三日のことでしたが、別の報告会に出席したこともあります。そちらは非政府組織の主催で、中心になっていたのは先程グルシェヴァヤ（訳注1）さんがお話しになられた「チェルノブイリ子ども基金」です。そこで聴いたことを先にお話しします。

放射性降下物によって汚染された地域では、重篤な畸形のある子供の出生数が劇的に増加していました。チェルノブイリ事故後の発生率を一九八二〜八六年の期間と比べてみると、国全体としてほぼ二倍です。一平方キロメートルあたり、一〜五キュリー[訳注2]の汚染のある地域に見られる増加率の高さが、低線量被曝の悪影響に関するブラコヴァ教授[訳注3]のチームのデータを裏付けています。こんな地域に人を再び住まわせようとでも言うのなら、犯罪です。そこで生まれてくる子供たちのことを考えてみてください。

そこで教えられた話をもう一つ。被曝の程度がもっとも激しかった人々、中でも、動員され、三〇日以上にわたって、チェルノブイリを取り囲む無人になった地帯で働いた人々を、もっと期間の短かった人々と比べてみると、癌や白血病の罹患率が、統計上有意[訳注4]に、増加していることが分かりました。こういう研究をするには、汚染を受けていない人々との比較が必要なのですが、そういう人々が、ベラルーシからはもうじき、いなくなってしまいます。特にストロンチウムですが、汚染された食品が広範囲にバラ撒かれてしまったのです。ネステレンコ教授が明らかにされた通りです。

---

訳注1　Irina Groushevaya：チェルノブイリ子ども基金（ミンスク市）のメンバーであった。この日の彼女は「現在の状況は、ベラルーシの人々に対して戦争が仕掛けられているのと同じであり、食べ物もなく情報もなく、人権は踏みにじられている」と訴えた。

訳注2　放射性ラジウム一グラムのもつ放射能の強さが一キュリーである。三七〇億ベクレルに相当。

訳注3　Elena B. Bourlakova：ロシア科学アカデミー、セメノフ物理化学研究所教授。

訳注4　統計上有意：第五部の訳注44（一九三頁）を参照

ミンスクのこの報告会では、様々な決議が投票にかけられました。何十万人という人々の苦しみに重きを置いている決議は、支持しなくてはなりません。チェルノブイリの惨事は終わっていません。私たちがこれから進んでいく先にあるのです。状況は日に日に深刻化しています。癌をはじめとする潜伏期間のある病が、今、増加に向かっていますし、これから先、二〇年、三〇年、さらには五〇年にわたって増え続けていくのです。

ミンスクでのNGOの報告会に提出された決議の中には、代替エネルギー、代替経済の研究推進の必要性を訴え、原子力施設の建設や開発の終結を求めるものもありました。

報告会ではまた、惨事の結果を正面から受けざるをえなかった国々に対する、国際支援の呼びかけもありました。健康被害も、環境破壊も、多くの人たちにとって取り返しがつきません。遺伝子の損傷は、人々を、子供たちを、あるいは動物であれ植物であれ、幾世代にもわたって蝕み続けるものです。

公式な方の報告会に戻ります。こちらではいろいろな研究の報告がありました。おおぜいのスタッフを使った研究です。同じ主題が幾つものチームによって重複して扱われていました。例をあげましょう。チェルノブイリの結果、子供の甲状腺癌が増えました。IAEAによればこれが事故の明らかな影響と認知できるただ一つの癌なのですが、このただ一つの病気のために何百億ドルかが使われたわけです。膨大な資金を使い、同じことを何度も繰り返して研究したところで、犠牲になった人たちの健康を取り戻す役にはまったくたちません。けれど、センセイ方の出世の種にはなるわけです。

私は今日ここでミルニイさん(訳注5)の証言を聞いて、悲しい気持に襲われました。爆発し炎上している原子炉のすぐ近くに、ある一つの研究を可能にするために、動員された人々がいるのです。志願したのではないのです。この人たちは一カ月、あるいはそれ以上の間、この被曝環境の中に留まっていなければなりませんでした。召集されたこの人々は、作業のため、というのではなく、実験目的で、毎日毎日、凄まじい放射線を浴び続けました。そして日に何回も静脈から採血されたのです。何の説明もなしにです。

ニュールンベルク裁判(訳注6)やヘルシンキ合意(訳注7)以来、人体実験をやるには、医学的かつ科学的な観点から、正当性をはっきりさせなければならないことになっています。検体になる人には、どんな強制もしてはいけないし、その上で、「明示的な同意」が必要です。そう合意され、各国が署名

訳注5　Sergii Mirnyi：物理化学技師。博士。後始末人であった。この法廷の当時は、チェルノブイリ国際ポスター&デザイン展の科学部門と国際関係部門の責任者であった。

訳注6　一九四五年の一一月から約一年をかけて、ドイツ第三帝国の指導者たちを、戦争犯罪と人道に反する罪で裁き、二〇人に死刑を言い渡した。ニュールンベルクはドイツ南部、バイエルン州の都市。

訳注7　一九七三〜一九七五年にヘルシンキで行なわれた安全保障上の国際会議の最終合意文書の中で、末尾に記された人権尊重の項目の通称。

もしたわけです。ところが、チェルノブイリに動員されたこの人たちには、何一つ説明もされず、同意も求められませんでした。研究の結果がこの人たちに知らされたという形跡もありません。許すべきでない作業条件のもとで彼らは働かされました。自分たちの作業の番が来るまで、発電所に面した屋外で、防護もなく何時間も待たされたのですが、それも、研究に好都合な被曝量にもってゆくためだったのです。

今週、ウィーンで開かれたＩＡＥＡの報告会に私は出席しました。学術的な報告会でないことは一見して明らかでした。商用原子力発電所の推進者たちのプロパガンダに、新たなネタを提供するのが目的の集会です。出席するために私は外務省と産業省からヴィザを出してもらわなければなりませんでしたし、それらのコピーをスイス原子力会社に提出する必要もありました。私は核戦争防止国際医師連盟の会員ですし、以前はスイス支部長も務めました。そういう資格でやっと、スイス代表団の一員になることができたのです。この報告会は、環境省にも、スイスでは公衆衛生は内務省の管轄なのですが、その内務省にも、何の相談もなしに準備が進められていました。

一九九六年の時点でＩＡＥＡが、チェルノブイリ事故による健康被害として認めているのは、基本的には三種類だけです。急性放射線障害は一四〇ほどの症例があり、うち三一ないしは三二の症例では、患者は被曝の直後に死亡した、としています。月日を経て、あるいは何年か経って亡くなった方々は、IAEAの専門家によれば「自然死」だということになるようです。心筋梗塞による死が頻繁だと、言及されていることはいるのですが、それまで健康そのものだった若者が心筋梗塞で亡くなっても、IAEAの専門家たちにとっては、自然なことに過ぎないというわけです。敗血症や結核で亡くなった方々もいます。私は立ち上がって言いました「感染症の専門家として私は、そうした感染症が若い人たちに襲いかかっている様は、まるでエイズのようだと考えています」と。

糖尿病もまた、患者の被曝とも、事故とも無関係な死因の一つに数え上げられていました。しかし、一九九五年一一月にジュネーブで開かれたWHOの報告会で、ウクライナの保健相は、この病気の罹患率が二五％上昇したと報告していました。ベラルーシでも二八％の上昇が見られるらしいです。ホミェリ州では、小児の糖尿病罹患率が、事故前の二倍になったのです。

これまでに知られていたのとは実際、違うタイプの小児病なのです。悪性の病気で、件の地域では疫病のように広がっています。意識を失った状態で病院に担ぎ込まれるのですが、血糖値を安定させるのはたいへんに困難なことです。インシュリンに依存した体になります。毎日の注射が欠かせません。それが一生、続くのです。苦難の人生が待ち受けていることになります。血糖値を調べるのもインシュリンもお金がかかります。失明、足先などの壊疽、腎不全、高血圧などに複合的に襲われる可能性があります。私は報告者に質問をしました。被曝と糖尿病との関係についてです。

分科会の座長が、自ら回答することを選びました。「私にはご質問にお答えはできません。でも、この会場には世界中から放射線被曝の専門家の皆さんがお集まりなのですから、そういう関係が存在する余地があるのかどうか、伺ってみようではありませんか」。

会場が一瞬、静まりかえった後、座長はこう言いました。「手をお挙げになる方はいらっしゃいませんでした。ということはつまり、そういう関係はないということですよ」ＩＡＥＡの報告会というのは、こういう具合に議論が進んでいく場所なのです。

チェルノブイリの惨事の後、若い人たちの間に橋本病(訳注8)が出現しました。この病気は日本で、原爆の後に観察されています。一種の自己免疫疾患で、その点でインシュリン依存型の糖尿病に似ています。患者を守るのが役目のはずのリンパ球が、甲状腺を破壊するようになるのが橋本病で、インシュリン製造細胞を破壊するのが糖尿病です。ブラコヴァ教授とチトフ教授(訳注9)そしてペレヴィナ教授(訳注10)とが、被曝によって免疫系に障害が起こることを明らかにしています。

また汚染地域では、感染症が重くなる傾向が見られます。風邪に副鼻腔炎が複合し、脳に膿瘍ができたりします。通常はまず見られない経過例です。気管支炎でも同じようなことがおきます。子供の場合ですが、肺炎から壊死性肺炎へと進行します。例外的な病気なのですが、ミンスクの大学病院の小児科では頻繁に見られるものになったのです。この病気では、傷ついた器官は元に戻りません。気管支喘息やアレルギー症などの経過からは、子供たちの免疫系がやられていることが分かります。

ＩＡＥＡの報告会で私は、事故と病気との繋りを求めるのを避けるために、科学を用いることができることを知りました。Ｊ・Ｆ・ヴィエル教授が、こうした「否定的」研究に使われる技法を解説してくれています。まず始めに、不適切な指標をあれこれ選び出して、研究の標準仕様指示に入れ込みます。研究しているのが癌だとしましょう。癌にかかったからと言って、すぐに死ぬわけではありませんね。それが分かっているので、発病率のことは言わないで、死亡率を取り上げて議論をするのです。次に、いろいろな病理の中から、不適切なものを選びます。糖尿病のことは研究せずに、肝硬変を研究するのです。研究期間の設定を不適切にしておくことも重要です。悪性腫瘍の潜伏期間より前に研究が終了するようにすれば、放射線による癌は存在しません、という結論を導き出せるわけです。危険の大きな集団、つまり子供や妊婦は、研究の標準仕様指示からは取り除いてしまいましょう、ということになるのです。

こういう具合にベースを設定しておけば、統計的に有意な差異は見つかりませんでした、というわけです。

訳注８　橋本病：橋本策（一八八一～一九三四）が研究して一九一二年に発表した、甲状腺でおこる自己免疫疾患。慢性甲状腺炎。

訳注９　Leonid Titov：ベラルーシ疫学免疫学細菌学研究所

訳注10　Irina I Pelevina：ロシア科学アカデミー、セメノフ物理化学研究所教授。ブラコヴァ教授の同僚である。

うことになります。望み通りになったわけです。珍しい病と事故との間に因果関係を見出すことはできないと言うのなら、それをきちんと示すべきなのですが、そうしなくとも、研究が対象とする病理と、チェルノブイリとの間の関係の不在は証明済みだと言い張れるわけです。危険はないと、彼らは結論します。こうして彼らは、安んじて商用原子力発電所を引き続き推進するのです。

ヴィエルはテオドール・アドルノ(訳注11)を引用しています。「証明されなかったことを前にしての懐疑は、思考の禁止へと迅速に変化する」。ウィーンでのＩＡＥＡの報告会の間ずっと、私に感じられたのは、当局が押し付けてくる以外の結論を目指すことはここでは許されていないのだ、ということでした。

甲状腺の癌は、始めの数年間、ずっと否認されていました。けれども余りにも明白になってきてしまったので、存在を認めるしかなくなりました。『ランセット』(訳注12)にはこの話題を扱った論文が何本も寄稿されていたのですが、すべて撥ねられていました。が、とうとう、この癌と様々な地域での汚染の度合いとの相関関係を示す研究を、何本か掲載することになりました。ケンブリッジ大学のウィリアムズ教授(訳注13)という絶大な権威ある研究者が、ＩＡＥＡの専門家たちの中でも、この問題に関してはスポークスマンだったのですが、甲状腺癌の存在をついに認めました。

小児の病気ですが、以前には存在しなかったと言ってよいものです。西ヨーロッパで普通に見られる甲状腺癌とはまるで反対で、たいへん悪性のものです。八〇%の症例では、最初の診断の時に、既に転移があるんです。リンパ節とか、肺とかにです。ところがＩＡＥＡの報告者は「善良な癌です」と言って締め括るんです。まあ、推進派の専門家たちというのは、私が聞いた限り、同じようなことを言いますね。手術が適切で、薬も適切なら、患者の命は助かる確率が高いというわけです。私の隣には、代表団に正規に選ばれた女性がいたんですが、私にこう言いました。「私の二人の娘たちには、その善良の癌とやらに罹って欲しくないわね」と。

実際には、この癌はとても悪性のもので、患者本人にも家族にも実に大変なことになっていくわけです。それが、診断を受けたその日から始まるのです。どれだけ手術がうまくいき、処置が適切だったとしても、子供は健康にはなりません。この腫瘍に関しては手術や沃素一三一の投与が、どういう予後になっていくのかということは、本当には分からないですよね。まだ検証ができるほどの時間がたっていないですから。内分泌に関して言えば、何らかの代替物質を注入する処置を、一生続けていくしかありません。患者たちが子供だからといって、自分たちの将来が分からずにいるわけではありません。ベラルーシのいろいろな病院で調査をして、ミンスクの小児

訳注11　**Theodor W. Adorno**：一九〇三～一九六九　ドイツの社会哲学者。フランクフルト学派の中心人物の一人だった。音楽学者としても知られる。
訳注12　**Lancet**：一八二三年創刊の、イギリスの医学雑誌。週刊である。
訳注13　**E.D.Williams**：ケンブリッジ大学教授。同大学付属のエイデンルック病院所属の医療物理学者である。欧州甲状腺協会会長。ＩＡＥＡのサイエンスセクレタリ。

科専門病院で分析したものによりますと、「私たち、大人になっても、子供を作ることってできるの？」というのが、子供たちの一番の心配事です。患者の三人に二人は女の子です。彼女たちのこの質問に「正しく」答えるなんてできやしません。

ＩＡＥＡの報告会で話を聴き続けるのは苦痛でした。傲慢な態度が目につく大会です。ある発表者によれば「汚染地域に住む人たちとそうでない人たちとの間の、統計的に意味のあるただ一つの差として見出されたのは、汚染地域の人たちの方がずっと多くウォッカを飲んでいる点である」だそうです。彼がこれを見出したのですが、他のお歴々もきっと同じことを見出すのでしょう。こんなことも言われました。この人たちを移住させるのに何百万ドルもかかりました、癌の発症率の多少の上昇などには目を瞑《つむ》って、もっと他のことにお金を使う方が良かったのではないでしょうか、と言うのです。これも途方もない傲慢さの例と言えます。スウェーデンの人たちがラップ人（訳注14）たちに対して、トナカイの肉を食べるのを禁止しましたが、あの時スウェーデン人たちは同じようにしてそんなことにお金を使うなと責められたわけです。

「許容可能な被曝の水準」と称するものを議論する時には、つまりは目の前の事故の処理にかかる費用、それ以上に、これから起こる事故にかかる費用を抑えたいということなのです。放射性降下物に曝されている人々を避難させるのは、なるべく避けるべきだということになっているんですね。線量がどれだけ高くてもです。チェルノブイリのすぐ側の汚染地域に人々を再び住まわせようかという議論さえしているのです。賛意を示した専門家たちもいました。再居住にかかる費用を研究するのが先決だということでしたが。

ＩＡＥＡの事務局次長のＭ・ローゼン(訳注15)は、今、世界にこれから癌になるかも知れない人間は何百万人もいて、チェルノブイリ事故による癌がそれに多少付け加わったとしても、まるで取るに足らないことだと、私に何度も言いました。そういう言い方に対する私の回答はこうです。まず、チェルノブイリによって一万人から二万人が将来、癌になるかもしれないという彼らの楽天的な予測があるのですが、私はそんな数字は信じません。その一〇倍かそれ以上です。二〇万人を越えるということです。次に、根本的に違う状況のものを対比するのは虚偽の議論です。四歳の子供や若い青年の癌は、人生の終わりかけた八〇歳の人のと同じに考えることはできないのです。

ブリクス氏(訳注16)は一九八六年の夏に「原子力産業の重要性を考えれば、チェルノブイリ規模の事故が年に一度くらいあっても、それで良しということだ」と発言しました(訳注17)。どうしてブリクス氏はそういうことを言ったのかと、ローゼン次長に質問したジャーナリストがいました。一九八六年の夏の時点ではまだ、ブリクス氏は事故の結果について充分な情報を得ていなかったからにきま

訳注14　スウェーデンの少数民族で、サーミ人とも呼ぶ。一部の集団がトナカイの放牧生活をしていたが、トナカイが餌としていた地衣類はチェルノブイリで深刻な汚染を受けた。
訳注15　Morris Rosen：一九九六年当時、ＩＡＥＡの安全部門の責任者だった。アメリカ人。
訳注16　**Hans Blix**：スウェーデン人。一九八一年から一九九七年に至るまで、ＩＡＥＡの事務局長をしていた。
訳注17　『ルモンド』紙、一九八六年八月二八日。

っているじゃないですか、と次長は答えました。一〇年たった今もなお、責任ある人々は充分な情報を得ていないとみえます。

例えば、今日、この会場で発表された日本の研究[訳注18]のことなど、IAEAはまるで視野に入れていませんね。この発表では、放射線被曝による病気が長いリストになっていました。高血圧から、神経痛まで含まれていましたが、貧血、白血球減少、消化性潰瘍と言ったものも含まれていましたし、糖尿病、肝臓の病気、膵臓の病気といろいろでした。IAEAではこうした病は話題にもなりませんし、関係があると認めることなど、さらにないわけです。

欺瞞こそが問題だったのです。専門家たちが嘘をついていると断言するには、常に難しい問題がつきまといますが、畸形が主題になった時にIAEAに指名されて発表した人は、畸形や遺伝子異常の発生に関する、事故以前の記録が何もない[訳注19]のだから、当然の帰結として、チェルノブイリ周辺で先天性の畸形発生率が増加したと結論することはできない、と断言したのでした。これこそまさに、偏った結論に導くための嘘の典型です。

ベラルーシでは出生率が三〇％も減少しています。これには、畸形の問題もありますが、それと並んで、社会の危機、生活困難があります。放射線に曝された若い男女に頻繁に見られる、不妊症が原因の場合もあります。ベラルーシで飼育されている鯉の研究[訳注20]が今日、紹介されましたが、受精卵の七〇％が致死性の突然変異によって孵化しなくなります。産まれた稚魚には七〇％に及ぶ先祖返り型の変異が見られます。

## 討論

**フレダ・マイスナ＝ブラウ**（訳注21）

フェルネクス先生にお伺いしたい点が一つございます。ＩＡＥＡの報告会議が、原子力産業の都合に合わせたプロパガンダ戦だったと仰《おっしゃ》いました。抵抗した人たちはいなかったんですか。代表団の人たちは抵抗できなかったんでしょうか。ロシアとベラルーシとウクライナの代表団の人たちは、そうしたことをすべて受け入れたのですか。

**エルマ・アルトファター**

同じ方向の質問になります。国連の報告会議にはふつう、ＮＧＯの報告会議が付随しています。例えば、リオやベルリンでの、気候変動を巡る報告会議の時がそうでした。ＩＡＥＡの報告会議

---

訳注18　日本の研究：この会場で当日研究を発表したのは、阪南中央病院の振津かつみ医師と定森和枝医師。また、研究発表ではないが、長崎被爆者の山科和子も証言者として発言した。ここで言及されているのは主に振津の発表。

訳注19　記録は存在し、研究され、発表もされている。本書一二〇頁の表を参照。

訳注20　鯉の研究：ソランジュ・フェルネクスの発表（前章）を参照

訳注21　Freda Meissner-Blau：オーストリアの環境活動家。同国緑の党（一九八六年設立）の初代代表であった。一九九一年にはコンラド・ローレンツ賞を受賞している。

の時には、そういうＮＧＯの会議は付随していたのでしょうか。国際的な拡がりをもった、私たち一人一人に大きなかかわりのある、こういう問題の全体にわたって、こうした公式機関と、国際的な市民社会との仲立になる方向で、そうしたＮＧＯの会議の開催の要求が出された、ということはなかったのですか。私たち一人一人、皆に関係のあることですし、そういう場所で言われたことは、皆に知る権利があります。そして議論や決定に参加する権利があります。

**シュレンデラ・ガデカル**（訳注22）

出生率の低下についてお話しになられましたが、それに関連して一点お聞きいたします。ラジャスタン（訳注23）では、子どものない夫婦が増えていまして、妊娠すると行く末に不安を抱く人も増えているのですが、それでも生まれる子どもの数は増え続けています。幼くて死んでしまったり流産したり、ということが多くなると、その分を埋め合わせようとするからです。出生率が上昇しているのです。で、ベラルーシで出生率が低下しているのは、恐らく不妊症が増えているということがあるとも思いますが、それ以上に、人々が生きる希望を失くしていて、子どもを作ろうという動機も弱くなっているからではないでしょうか。

**コリン・クマル**（訳注24）

フェルネクス先生に一つ、質問があります。研究や調査が倫理との関係で問題がある、ということを仰いました。そうした研究のあり方の問題は、現行の科学に内在的なものです。今日の科学の中にある「知」という概念のあり方の問題です。研究の主体と客体との間の距離、観察者と観察されるものとの間の距離、強者と弱者との間の距離が、考え方として確立されていたはずなのに、失われてしまったのです。科学の言説が再度、倫理によって支えられるようになるためには、私たちは何をすればよろしいのでしょうか。

**岡本三夫**（訳注25）

一九九五年の五月に無限定なままに延長された、核拡散防止条約に署名したすべての国にある、原子炉と核分裂性物質とを監視するという公式任務を、ＩＡＥＡは与えられています。そこで、ＩＡＥＡが取り組んでいる民生用と軍用の双方にわたる原子力技術というものについて、ご質問をさせていただきます。ＩＡＥＡはこの任務をたいへん真面目に受け止めているのではないでしょうか。民生用の原子力技術が軍用に転用されるのを防止するということです。が、そうは言っ

訳注22　**Surendra Gadekar**：インドの原子物理学者。反原子力の雑誌《**Vedchhi**》を主宰。
訳注23　**Rajasthan**：インド北西部。パキスタンと接する内陸部の地方。**Rawatbhata** 原子力発電所があり、六基の原子炉がある（国全体では二〇基）。
訳注24　**Corinne Kumar**：社会学者。チュニジアに本部のある国際ＮＧＯ《**El Taller**》代表。第三世界の女性運動のリーダーとして著名。
訳注25　岡本三夫：（一九三三～）広島修道大学法学部教授（現・名誉教授）。日本平和学会元会長。

ても、民生用、軍用、この双方の原子力技術は結局は同じものです。その点をどう捉えていらっしゃいますか。

ミシェル・フェルネクス

プロパガンダか、開かれた議論か、ということに関してご質問がありました。世界保健機関はＩＡＥＡと同じく国連の機関ですが、もっとずっと開かれた報告会議を一九九五年の一一月に開催しています。そこには医師たちが参加できましたし、研究成果を発表できました。ウィーンの会議のように厳しい選別を受けなければならないということはありませんでした。

ＩＡＥＡが会議を開いた目的は、「事故の結果の総決算」をすることでした。

一〇年経ちました、急性の被曝による症状で三一人か三二人が亡くなりました、六六〇人の子どもが甲状腺の癌になりましたが、治療は簡単です、後始末人については観察を続ける必要があります、そのうち何人かは被曝が原因で癌になることが予想されます——ということで、この問題はもうこれで終わりですという宣言を、ＩＡＥＡは出したかったのです。そしてまたＩＡＥＡは、たいへん多くの人たちがストレスに苛まれてきたし、今もなお日々苛まれている、ということに注意を向けたいのですね。ストレスの原因は、避難させられたことと、歪んだ情報を摑まされたことにあるというのです。ですから、諸々の当局は次回の事故にあたっては、ストレスを避けなさいということになります。人々は避難させてはいけません、メディアが流す情報はきちんと統制されたものだけにしなさい、ということです。
ＩＡＥＡは参加者を厳選したはずですが、それでも参加者を納得させるのは不首尾に終わりました。第一日目は、誰も何も言いませんでした。けれども、インシュリン依存型の糖尿病や、その他の免疫障害の発病率を彼らが否定した時には、この共通了解のようなものは維持できませんでした。畸形やその他の先天性障害に誰かが少しでも言及すると、原子力エネルギー計画の継続にとってそういう問題への関心は危険だという考えからなのでしょう、説明もなしに却下するのですが、そこでも共通了解はやはり維持されませんでした。

で、ＮＧＯは何をしていたのかというお話ですが、私の考えでは、今、私たちがここでこうして開催している法廷が、そのＮＧＯの報告会議ですよ。ＩＡＥＡの会議と並行して開かれているわけです。私たちはＩＡＥＡの会議で、この法廷にお出でなさいと、何千枚もの招待状をばら撒きました。組織者たちは誰もこちらには参加しないと決めたようですが。

さて、不妊の問題です。いちばん可能性が高そうな答は、あなたもお触れになられました。子どもをもつことへの恐れを生む社会的状況は、間違いなく原因の一つです。しかし、被曝の結果としての不妊ということについては、既にお話も出ていたと思います。チェルノブイリに関連して、男性の精液に精子が無かったり極端に少なかったり、という症状は度々報告されています。

　放射線の催畸形作用ですが、これについては一九三三年から一九三五年に、ストラスブール大学のヴォルフ教授(訳注26)が研究して以来、既知のことです。私の年代の人間はサリドマイド裁判をよく覚えていまして、あの時には一〇〇本を越える論文を読みました。医学の専門家あるいは業界の専門家たちによれば、薬を服用する以前に母親がどういう状態にあったかという記録はない、だから、畸形がサリドマイド錠剤の服用の影響だということは証明できないはずだ、という説明になります。ベラルーシに関しては、原発事故以前の畸形発生の記録がちゃんとあるのですね。サリドマイドの有罪証明に問題があったとしても、チェルノブイリはそうではないわけです。

　チェルノブイリだけが問題ではないのだ、というのは悲しいことです。ラジャスタンのデータと、ヘセ＝ホネガー夫人(訳注27)のお話には驚愕いたしました。正常に運転されている原子力発電所でも催畸形性があるということなのです。これは、原子力産業を停止させなければならないという、大きな理由になる事柄です。薬や殺虫剤で同じような影響が明らかになれば、直ちに製品回収になります。原子力エネルギーには同じ規則は適用されないのでしょうか。

　研究にかかる費用は年々上昇しています。スルクヴィン博士は畸形学と鯉の先天性障害との研究を研究室から二〇〇キロメートル離れたところでしていたのですが、もうお金がなくなってしまいました。私たちには新しい資金の出所が必要になってもいます。ＮＧＯ界はこういう研究を援助しなければなりませんし、実際にしてもいます。それでも、必要な額にはほど遠いという実情があります。

倫理に関してですが、ＩＡＥＡは科学的でないだけでなく、倫理もありません。事実として、ＩＡＥＡは原子力発電所の安全にはたいして力を注いでいません。これは基本的には原子力産業の推進役でありまして、拡散防止のことも、片隅のあたりで少しやってはいます。その場合も、原子爆弾を所有し、開発する権利を手にしている国々については、手を触れません。五、六の国が核兵器を新たに手にしましたが、ＩＡＥＡには防ぐことはできませんでした。

訳注26　Etienne Wolff：（一九〇四～九六）フランスの生物学者。胚の実験的研究で知られ、『性の転換』『怪物の科学』などを著した。のちコレージュ・ド・フランス教授となり、フランスの動物学界の中心であった。

訳注27　Cornelia Hesse-Honegger：スイスの画家。チューリヒの博物館の動物画家として長年仕事をする傍ら、昆虫収集研究をした。この分野では世界的に著名である。チェルノブイリ事故後、現地に入って多くの畸形の昆虫を採取、写生し、貴重な資料を作成している。この法廷では、ソランジュ・フェルネクスの発言に先立って、昆虫の畸形について発表をしている。

# 第四部　バンダジェフスキを巡るインタビュー

ミシェル・フェルネクス&ソランジュ・フェルネクス（訳注1）

聴き手：バレンタイン夫人（平和と自由のための国際夫人連盟）

アンドレアス・ネデカー教授（社会的責任のための医師団）（訳注2）

――：バンダジェフスキ教授の研究所をご存知ですね。

**ミシェル・フェルネクス**

一九九八年の秋に、私はホミェリ市の医科大学を訪れました。とても質の高い教育が行なわれていて、深い感銘を受けたものです。チェルノブイリの健康への影響について先生方が幅の広い知識をお持ちなことが、話をしてみて納得できました。学生たちの授業への参加の仕方も、とても積極的でした。

私個人のことをお話ししますと、病理と生体組織とをまずスイス、次にフランス、それから世界保健機関（ＷＨＯ）から奨学金をいただいて、スウェーデンで勉強しました。セネガルでも研究をしました。そうしたいろいろな国の教育研究施設と比べてみても、ここは大したものです。研究者たちの動きも活発です。学生たちは少人数に分けられ、注意深く講義を聴いています。文献や資料も豊富でした。

ちょうど前の晩に議会の委員会の人たちがミンスクから到着したばかりで、バンダジェフスキ教授は生まれつきの畸形の資料をその人たちのために揃えて整理していました。堕胎した胎児とか、死産した赤児とかに関するものなのですが、この医科大学で一五日間に扱ったものなのです。たったそれだけで、チェルノブイリの事故以前でしたら、これくらいの規模の医科大学なら一年かかってようやく揃えられるほどの、さまざまな畸形例が揃ってしまうのです。

――：バンダジェフスキ教授の医学者としての仕事ぶりについてはいかがですか。

**ミシェル・フェルネクス**

教授の業績には、桁外れの重要性があります。さっきインタビューなさった医学者たち(訳注3)から、悪評をお聞きになっていらっしゃるのでしょうが、私の意見は正反対です。バンダジェフスキ教授の業績は膨大で、一言二言で評価をお伝えするわけにはいきませんので、私自身が研究してきた領域でもある、心筋の病気についてだけお話しをしましょう。

私は熱帯特有の病気を専門にしてきました。ダカールでは産後におこる心筋の病を研究しまし

---

訳注1　WILPF：Women's International League for Peace and Freedom　一九一五年にジェイン・アダムスらによってオランダのハーグで設立された団体。ヨーロッパ各国と北アメリカに支部がある。ソランジュ・フェルネクスは当時、フランス支部の代表をしていた。

訳注2　Physicians for Social Responsibility（PSR）：一九六一年創立。本部合衆国ワシントン。一九八五年にIPPNWという団体と共同で、ノーベル平和賞を受賞している。

訳注3　このインタビューに先立って、オスタペンコ、ケニグスベルク、ミネンコの三人の学者に対するインタビューが行なわれていた。この三人は核推進派で、バンダジェフスキの業績をいっさい評価しない立場の人たちのようである。

た。これは西欧にはほとんどない病気です。ベリベリという名の、ビタミン不足からくる心筋の病も研究しました。白米ばかり食べている人たちが罹るのです。

バンダジェフスキはセシウム一三七に起因する心筋の病を記述しています。心筋が衰えていく病気で、小児が罹りますが、青少年や成人も無縁ではありません。不整脈をともなった進行性の心不全です。ある程度以上の期間にわたってセシウム一三七の毒に曝されて起こるもので、回復は見込めません。年齢に関係なく、突然、死に至ります。小児も例外ではありません。

心筋のこの病には将来、《バンダジェフスキ病》という名が付くのではないでしょうか。心筋の組織に入りこんだセシウム一三七の量と、機能障害との定常的な相関は、《ベルラド》放射線防護研究所の医療物理学者たちとの協同作業によって、バンダジェフスキが明らかにしたのでした。

この病に倒れた人たちの解剖を通じてバンダジェフスキは、心臓内のセシウム一三七のキログラムあたりの量を測り、心筋の病に特有の形態的変異を観察し、記述しています。細胞湿潤物もそれほどでなく、炎症もなく、冠状動脈の閉塞もないのに、心筋繊維が変質するのです。

――：バンダジェフスキは名付け親になりたがっていたのですか。

**ミシェル・フェルネクス**

そうではありません。ずっと視野の広い人ですよ。彼はいろいろな臓器を研究していますが、セシウム一三七が蓄積しやすいのは内分泌腺で、特に甲状腺や膵臓です。次が心臓、その次が脾臓（免疫系）です。妊娠した女性は胎児をセシウムから守ろうとしますので、胎盤に溜め込むことになります。残念なことに、胎盤はセシウムのこの蓄積に耐えきれません。内分泌の障害がおこります。胎児の障害あるいは流産、または虚弱な子供が産まれることになります。

セシウム一三七により、代謝全般が病気になるものと、バンダジェフスキは見ていました。脳に至るまで、無事ですむ器官などないのです。この代謝病は、ベリベリに似ています。ベリベリの場合も、全身が冒されますが、慢性になると神経系も冒されますし、心臓が冒されるのは頻繁です。

症状だけでなく、他にも比較できる点がいろいろあります。手遅れにならないうちに放射性セシウムの被曝がやめば、回復していきます。そしてビタミン$B_1$を投与すると、健康を取り戻すこともあるのです。こうした点がベリベリにそっくりです。

――：そうした心筋病は、治るのですか。

**ミシェル・フェルネクス**

バンダジェフスキはこの分野では、ヴァシリ・B・ネステレンコという原子物理学者と協働していました。その研究結果によれば、きれいな、つまりセシウム一三七をほとんど含まない食事をきちんと摂り続けることができれば、子供の場合でも、実験室の動物たちの場合でも、心臓が回復不能な状態になるのは避けられます。

きれいな食事を摂る、ということが《予防》策としてホミェリ州では学校で教えられるようになったのです。残念ながら、セシウムの少ない食品だけを摂るには、金がかかります。貧乏な人々は惨事の後もずっと、畑でとれたもの（野菜や果物、飼っている牛の出す乳）や、野山や川で摂れたもの（野苺、茸、魚）を食べ続け、体を汚染し続けてきているのです。

これほどの状況なのですから、ネステレンコが一九八六年当時から主張し続けてきたように、汚染されていない地域へ、すべての家族を移住させるのが一番だというのは、その通りでしょう。それは不可能だったわけです。そういう中でできる方法としては例えば、ペクチンの一定の期間ごとの摂取があります。ペクチンはリンゴから抽出される糖類で、セシウムの体外への排出を促進してくれます。

――：ＵＮＳＣＥＡＲ（訳注4）がバンダジェフスキの業績を取り上げません。それが彼の業績が下らないものだという何よりの証拠だと、ケニグスバーグ教授などは断言しているわけですが。

**ソランジュ・フェルネクス**

ＵＮＳＣＥＡＲによるチェルノブイリに関する二〇〇〇年の報告書は、ベラルーシとウクライナの代表団によって、国連総会で手厳しく批判されました。明らかな事実を丸ごと無視して、チェルノブイリの惨事によって被害を受けたのは、甲状腺癌になった子供・青少年が一八〇〇人いるというだけで、それ以外は認めないわけです。「癌の総体としての罹患率の増大は少しも見られない」(四一三節)、「白血病の危険は増大しなかった」(同)、「生得的畸形の増大は見られず、死産も未熟出産も増えていない」(三八三節)というのです。結論として、「チェルノブイリ周辺地域の大多数の人たちには、明るい未来が約束されている」と、UNSCEARは断言するわけなんです。

でも、二〇〇〇年の九月にニューヨークで開かれた国連のミレニアムサミットで、ベラルーシのルカシェンコ大統領は、ベラルーシの国土の四分の一は汚染されている、国民は病んでいる、国際援助が必要だと訴え、会場を揺がせました。もしもUNSCEARが断言していることが真実で、チェルノブイリの健康被害は一八〇〇人の甲状腺癌ですべてなら、ベラルーシへの国際援助なんてまったく要りません。チェルノブイリで汚染された国々を援助しようとしている国々の意向を、UNSCEARは挫いたのです。

じつに、二〇〇〇年六月六日、UNSCEARのラルス・エリク・ホルム総長《(訳注5)》は、チェルノブイリ事故後の人々の健康状態の悪化に関するいろいろな報告には科学的な裏付けがなく、財政援

---

訳注4 United Nations Scientific Committee on the Effects of Atomic Radiation原子放射線の影響に関する国連科学委員会

助を不当に盗み取ろうという目的のものだと、言い放ちました。

ＵＮＳＣＥＡＲのジェントナ博士(訳注6)はチェルノブイリに関するキエフでの講演会（二〇〇一年六月八日）で、彼の組織がどういう研究を選びとり、また引用するのか説明しました。つまり、「権威ある科学的権威」に検証させると言うのです。どういう組織かと言えば、ロスアラモス(訳注7)（アメリカ合衆国ニューメキシコ州）やフランス原子力エネルギー庁（ＣＥＡ）です。どちらも、原爆を製造した研究所ですよ。放射線の健康に及ぼす影響に関しては中立ではありません。こういう検証が行なわれている限り、放射線の健康への影響を言う時に、バンダジェフスキ教授の業績を引用するなんてありえないわけです。

ＵＮＳＣＥＡＲが引き合いに出さなかったということは、質の悪さの証拠にならないどころか、かえって客観性科学的透明性の保証でさえあります。

国際原子力機関（ＩＡＥＡ）のことをお話ししましょう。「全世界の幸福と健康のために原子力エネルギーを推進する」というのが、その謳い文句です。被曝による、医学的にたいへん深刻な影響をバンダジェフスキは研究したのですから、ＩＡＥＡが資金を出すとか、学説を好意的に紹介するとか、そんなことはあり得ないわけです。

ベラルーシの保健相が六月にキエフで図表を発表しましたが、それによればオスタペンコ教授やケニグスバーグ教授のいる研究所の仕事には、ＩＡＥＡから多額の援助が出ています。この時には評価委員会にバンダジェフスキが専門家として入っていて、一九九八年ですが、これに厳しい批判を浴せました。

平和と自由のための国際婦人同盟（WIPLF）は、前回の国際執行委員会（二〇〇一年八月一〜四日）で、チェルノブイリに関する決議を採択しました。国際連合がチェルノブイリ事故の犠牲者たちの苦しみの描かれた数多くの研究をきちんと取り扱うこと、UNSCEARやIAEAの、利害関係から歪められた結論を取り上げるのを止めることを、決議は要求しています。放射線の健康への影響モデルは、二〇〇一年四月二八日に欧州議会によって決議されたように、見直されるべきです。チェルノブイリの犠牲者たちは一五年もの長きにわたって、放射性核種を食物から摂取していることを、考慮に入れなければならないのです。

私たちはまた、バンダジェフスキ教授の即時釈放を要求しました。チェルノブイリのことでは、

---

訳注5　**Lars-Erik Holm**（一九五一〜）スウェーデンの放射線医学者。一九九六年以来、現在に至るまでUNSCEARのスウェーデン代表をしているが、総長の座にあったのは一九九九〜二〇〇〇年。

訳注6　**Norman Gentner:** カナダ原子力会社（AECL）の生命科学プログラム責任者（一九八九〜九二）、学術顧問（一九九三〜二〇〇二）を経て、国連入りし、現在は、UNSCEARの学術部門責任者の地位にある。

訳注7　**Los Alamos National Laboratory**（LANL）アメリカの原爆開発計画（マンハッタン計画）の中心だった研究所。

物理学者であると医者であるとを問わず、紐付きでなく研究をしてきた多くの人たちが行政の妨害に会ってきました。その即時停止も合わせて要求しています。

# 第五部　チェルノブイリの惨事は成長を続ける一本の樹

ミシェル・フェルネクス

# はじめに

一九八六年の四月の終わりだった。スウェーデンの北部が放射性の雲で汚染され、当局はそこから近い原子力発電所を停止した。重大な事故が起こったのだと考えたのである。当局は全世界に向けて警告する。ソ連からは何の発表もなかった。衛星写真から、チェルノブイリにある原子力発電所が炎を上げ、その中心から雲が立ち昇っていることが分かった。火事がおさまるまで一〇日間にわたって出続けたこの放射能の雲は、わずか数週間の間に北半球を周回し、道すがら諸大陸を汚染することになる。ヨーロッパでは専門の研究諸機関が一〇を越える核種をともなった膨大な放射線量を記録し、原子力発電所で事故があったことを示していた。しかし大半の研究者たちは契約に縛られて口を閉ざしていて、報道陣には情報は伝わらなかった。それどころか、捏造された資料を報じるようにメディアは仕向けられた。フランスで甲状腺の症状に苦しむ人たちは、チェルノブイリ事故による一九八六年の四月から五月の「放射性沃素ショック」との関連を知って、被疑者不詳の告発状を提出した。この件の担当になったベルテラジョフロワ判事(訳注1)は所轄諸官庁の中枢に捜査の手を伸ばした。それ以来、「国家行政の嘘」ないしは「国の嘘」という用語が、「故意の言い落しによる嘘」という用語を凌駕した観がある。

国際原子力機関（ＩＡＥＡ）は商用原子力推進の担い手として、五大核保有国の支持を受けながら、無関心が急速に人々の心を支配するようにと、キャンペーンを組織した。事故による健康被害に関する情報潰しを二一年にわたって継続してきたのである。核拡散防止条約によって核の保有を公認されている五大国（訳注2）は、国連安全保障理事会の恒久メンバーでもあり、拒否権を持っている。国連の階層支配の頂点に立ち、国連下部機関の中でも突出した特権を享受しているのだ。安全保障理事会、したがって核兵器保有を「特別に許されている」五大国の言うことだけを聞いていれば良いのである。こうした支配的な地位から、ＩＡＥＡは商用原子力ロビーのコーディネーターとしての、史上類を見ない強力な役割を演じているのだ。二二年来このかたＩＡＥＡは、チェルノブイリの原子炉爆発によって被曝した人たちの健康被害が、すべての人たちの目に最小に映るようにしてきた。何百万人もの犠牲者を、何十万人もの障害者、何百万人もの病気の子供たち、そして原子炉の火災と闘い、その炉の残骸の周囲三〇キロメートルの激しく汚染された地域の土壌除染と取り組み、石棺を建設する過程で被曝した結果として、年若くして死んでいく、後始末人という異名を持った数知れない青年たち。新しい形の否認主義が、こうしたすべての人たちのことを忘れ去らせようと、画策を続けている（1〜5）。

訳注１　Marie-Odile Bertella-Geoffroy：パリの予審判事。二〇一一年三月、福島の事態を受けたフランスの当局は、彼女を強権的に担当から外すという作戦に打って出た。
訳注２　アメリカ、ソ連、中国、イギリス、フランス。

ＩＡＥＡとＵＮＳＣＥＡＲは二〇〇〇年と二〇〇五年に国連に報告書を提出した。そこに引用されている資料は、この二つの組織のお抱え専門家たちが選別したものだ。総決算として提出されている数字によると、放射線の過剰によって死んだ者が五四人、重い被曝によって治療を受けた者が二〇〇〇人、そして基本的に子供たちのものである甲状腺の癌の症例が四〇〇〇件、以上ですべてである。しかし国連ではもっと別の見方も表明された。ＯＣＨＡ（国際連合人道問題調整事務所）責任者のマーチン・グリフィスは一九九五年に、犠牲者は七〇〇ないし九〇〇万人であると語っている。ウクライナの保健相(訳注3)によれば、彼の国がこの惨事の拡大防止に動員した後始末人は、若い軍人や、放射線災害をくい止めようと志願した専門家などを含めて、二六万人であり、うち二万四〇〇〇人が重い障害を負うことになった。彼は一九九五年一一月二〇日〜二三日に開かれた報告会議でこのことを述べたが、一九九六年三月に発行が約束されていた議事録は、ＷＨＯとＩＡＥＡとの間の協定を根拠として検閲され、出版できなくなった。この間の事情は、当時ＷＨＯの事務局長であった中嶋博士がスイスイタリア放送に対して証言をしている。(6〜8)

二〇〇一年以来、キエフの報告会にロシアやウクライナから出席した医師たちは、後始末人の間から出たたいへんな数の死者たちと並べて、三分の一を超す重度の障害者を数えあげていた。国連事務総長のコフィ・アナン(訳注4)は二〇〇〇年に、正確な数字は決して判明しないだろうが、三〇〇万人の子供たちに身体的（心理的でないという意味である）治療が必要であり、決定的な数値が出てくるのは二〇一六年以降になる、ときっぱりと述べている。(9)

二〇〇五年四月二五日に、駐パリのウクライナ大使が報道陣に伝えた数値によれば、ウクライナでの調査結果による犠牲者数は二六四万六一〇六人だ。

汚染の激しい地域に住み続けている国民のうち、八七・七五％が病気である。二〇〇四年には、存命の後始末人たちのうち九四・二％が病気だった。(10) 病気の原因としては、爆発した原子炉の至近にいて放射線を浴びた場合もあれば、放射性のガスや粉塵を吸い込んだ場合もあり、また汚染された食品を摂取した場合もある。現場に到着したその時、後始末人のおよそ半数は、徴兵された軍人で、申し分なく健康な若い人たちだった。これから考えると、本来の彼らの寿命は、ソ連全体の平均寿命より遥かに長いはずだったとしなければならない。

## 検閲によって潰された情報の例をさらに幾つか

二〇〇八年四月二六日にバーゼル(訳注5)で、大学医学部の病理学研究所で、旧ソ連の放射能汚染に関

訳注3　コロレンコ博士

訳注4　Kofi Anan：（一九三八〜）ガーナ生まれの、国連の事務官。ＭＩＴで管理工学を学び、ＷＨＯに管理職員として入った後、国連諸機関の要職を歴任した。国連事務総長（一九九七〜二〇〇六）。

する報告会が開かれた時、チェリヤビンスク市にある国と自治体共同運営の歴史センターで、ディレクターをつとめるウラディーミル・ノヴォセロフ教授（訳注6）が、イゴーリ・クルチャトフ（訳注7）の監督の下に一九四三年から、ソ連の原爆を大急ぎで開発していた研究センターの話をした。

アメリカ合衆国の「マンハッタン計画（訳注8）」と比較しうるこの研究をしていた施設で、一九五七年に放射性廃棄物の爆発事故が起こり、チェルノブイリの放出量の一〇分の一ほどにもなる放射能が撒き散らされた（ヨーロッパでは以前にはキュシチムの事故（訳注9）として語られていた）。この爆発による犠牲者が問題になった時、教授は人を困惑させる発言をした。彼がこれまで発表してきた、そして世界が信じてきた数値はすべて、不当に低い、出鱈目なものだ、と言うのである（だからと言って、彼が新しい数値を発表できたわけではないのである。彼には「連れ」がいたようでもあるが）。彼の説明によれば、原稿を印刷に回そうとしていた矢先に、当局から押収を受けた。刷り上った時、数字はすべて変えられていた。検閲によって低く変えられた偽のデータが今後、訂正されることはない模様だ。

私たちは、イタリアのイスプラ（訳注10）にある欧州委員会の研究センターを訪問した。そこで会ったM・ド・コール博士は、「チェルノブイリの事故後にヨーロッパに降下したセシウムの地図」の作者の筆頭に上がっている人物である。出版したのは欧州委員会で、責任者はエディット・クレソン氏（訳注11）であった。ヨーロッパのすべての国々にわたる、数十万カ所の放射性セシウム測定数値が、この研究所には届けられていた。しかしフランスは三五カ所の数値しか提出していなかった。フランスの土壌へのセシウム一三七の蓄積は、一九六〇年代にまで遡る。フランスが出してきた数値は、あたかもチェルノブイリによって、この値が以前よりも下がったかのように思わせるものだった。だからフランスがセシウム一三七のきちんとした測定値を提供するように、私に何らかの力になって欲しいと、コール博士は熱心に頼んできた。ロシア連邦やウクライナやベラルーシを含む他の国々は、イタリアのイスプラの研究所に矛盾のない測定値を提出していて、測定点の数も一〇万ほどに達していた。私はコール博士に、市民の運営するクリラド(訳注12)という研究所が測定した値なら提供できると申し出た。コール博士はしかし、欧州の国が公式に出した資料でなけれ

---

訳注5　Bâle：スイスの都市。著者フェルネクスはバーゼル大学の名誉教授である。

訳注6　Vladimir Novoselov：歴史学者。

訳注7　Игорь Васильевич Курчатов：(一九〇三～一九六〇) ロシアの物理学者。ソ連の原爆開発、ついで水爆開発で常に中枢にいた人物である。

訳注8　アメリカが第二次世界大戦中に秘密裏に、原爆を準備していた時に使っていた暗号名。計画にはイギリスやカナダも加わっていた。この計画の帰結が広島・長崎への核攻撃であった。

訳注9　アラル海の北方九〇〇キロメートルほどのところに、ロシアの核施設が集中している場所がある。その中心がチェリヤビンスク市。ソ連の核兵器開発はこの地区で行なわれていたが、一九五七年にレベル六相当の大事故が発生した。日本では「ウラルの核惨事」と呼ばれている。

訳注10　Ispra：北イタリア、ロンバルディア地方、ヴァレーゼ県にある町。一九六〇年代に、ヨーロッパ各国共同で原子力の研究をするためのセンターが建設された。

訳注11　Edith Cresson：(一九三四～) フランスの政治家 (社会党)。主としてヨーロッパ各国との関係の調整や通商を活躍分野とした。一九九一年五月から一九九二年四月まで首相。

ば使えないのだと言った。こんな具合で、欧州委員会の研究センターは欧州セシウム地図を出版し、これはどんな学術図書館でも閲覧ができるが、その中のフランスの図はどれも、実態を反映したものでないと、著者たちは考えているわけである。

九〇年代の初めにＩＡＥＡとＵＮＳＣＥＡＲの顧問で研究スタッフでもあったメトラ教授（訳注13）は、被曝した子供たちの間での甲状腺癌の増加を、一九九六年に至るまで否認していた。しかしその同じ九〇年代の始めに、キース・ベイヴァスタク教授（訳注14）に率いられたＷＨＯの専門家たちは、一九九二年に発行された『ネイチャー』誌上で、ベラルーシの医師たちの観察を是認している。ＩＡＥＡがこれを否認するのは、危険性と線量との関係について見当違いの計算をしているためなのではないかと思われた。そんなわけで、子供たちは治療に必要な援助を適切な時期に受けることができなかった。チェルノブイリによる事態の健康上の危険性を評価する基準として、人々が固執しているのは原子爆弾の結果としての、放射線によるさまざまな病理の発生についての研究（それ自体、疑問の余地のあるものだが）なのである。

## 原爆をモデルにしてチェルノブイリを論じるのは誤り

原子爆弾が炸裂すると、ほんの数秒の間に、大量の中性子とガンマ線が放出される。しかし早過ぎた死の大半は衝撃波や建物の崩壊、あるいは続いて起こる火災の結果である。犠牲者の中には大量の外部被曝をした人もいて、すぐに死んだ場合もあるし、重い病気になった人たちもあった。急性の放射線障害である。その結果、五年後には、放射線への抵抗力が並以上だ、という人たちだけが生き残っていることになった。日本人たちの一部は、汚染された空気を吸い込んだり、食物を摂ったりして、体の内部から被曝することにもなった。遠くから救援に駆けつけた人たちがそうだったし、放射性の降下物に見舞われた近隣地区の人たちがそうだった。この一群の人々については、まともな研究はされていない。

日本の医師たちがアメリカ人たちの後を継いで研究に取り掛かったのは、ようやく一九五〇年になってからのことだ。被曝した人たちを集めて外部被曝の線量によって等級分けをし、原爆の落とされた中心地からその人たちのいた場所までの距離との相関を算出した。こうして割り出された各群の観察が、チェルノブイリの犠牲者たちを「判定」する時の一番の基礎になったのである。

---

訳注12　**CRII-RAD**：Commission de Recherche et d. Information Indépendantes sur la Radioactivité（放射能研究情報自立委員会）チェルノブイリの惨事の直後に、放射性降下物の西欧への影響を調査する目的で設立された民間団体だが、現在は放射能に関する幅広い分野で測定・分析を中心に活動している。本部・フランス。高度な分析が可能な研究センターを稼動させている。

訳注13　**Fred A. Mettler**：アメリカの放射線学者。ニューメキシコ大学教授。

訳注14　**Keith Baverstock**：イギリスの放射線学者。一九九一年から二〇〇三年まで、WHOの放射線防護プログラムの欧州での責任者だった。WHOの腐敗に抗議して辞任し、批判の先鋒に立っている一人である。

る。しかし、チェルノブイリの場合、爆発があり、炉心が炎上したが、それによる死者はごく僅かな消防士または労働者であり、火傷か外傷による。一方、炉心の火災は一〇日間も続き、原爆の一〇〇倍から二〇〇倍の量の放射性核種を放出した。外部被曝が優性だと言えるのはごく僅かな期間についてである。内部被曝もまた初日から既に始まっていたのだから。人々は放射能を帯びたガスや煙や粉塵を吸い込み、汚染された飲み物や食べ物を体内に取り入れたのである。

爆発から二二年が過ぎて、食物による体内の汚染が多くの人々を蝕んでいる。こうした汚染に晒される人々の住んでいる地域の範囲は、ますます拡大する傾向にある。安全防護の観点から長いこと使われないできた汚染された土地が、企業的な農業によって再度使われるようになってきているからだ。放射能まみれの食料品が広く流通している。また、野苺類や森の茸や河跡湖で獲れる魚は人工放射性核種を多量に含んでいる。食べない方が良いはずだが、嗜好は根強いものがあるのだ。

こうした放射性核種を吸収すると、人体組織内のいくつかの臓器に蓄積する。こうして、ガンマ線に加えて、ベータ線(訳注15)つまり電子や、アルファ線(訳注16)つまり（ウラニウムやプルトニウム由来の）重い原子の核の破片からなる巨大な粒子が、一ミリメートル以下の、ミクロン単位の距離にある細胞を爆撃することになる。こうした粒子の変性毒性や遺伝子変異性や発癌性はガンマ線のそれを凌ぐ。この放射はゲノムを傷つけ、細胞内では核エネルギーが生み出す細胞変異は、被曝して病理的な作用を受けた細胞から、放射を免れた近隣の細胞へと伝播していく。近隣細胞でのこうした遺伝子の変質はまったく目に見えない。それにもかかわらず、それらの細胞は「汚染」されており、後の細胞分裂の際に、変異を伝えていく可能性がある。(13・14)

電離放射によってゲノムは弱体化しているので、また別のメカニズムも働く。被曝はしていても、ゲノムの損傷が明白とまではいかない細胞が、弱体化した状態で増殖していくことになる。見掛け上正常な分裂を繰り返した後で、幾世代もの後に遺伝子異常がいろいろと重なって出てくるのだ。(15・16・17) 中性子やガンマ線によって瞬間的に外部被曝した場合の、突然変異や病気や癌の危険性は、極めて低線量の、しかし長期間にわたる、基本的に内部からの被曝の場合とは異なるのだ。こうした低線量内部被曝こそ、チェルノブイリの後遺症として人々が被っているものだし、また商用ないし軍用の原子力産業が発達して以来、被っているものである言ってもよい。例えば大気圏内核実験による環境汚染によってである。

人工放射性核種による内部被曝は臓器の中に薄く均質に拡がって起こるのではなく、そういう

訳注15　ベータ線：中性子が壊れて〈陽子＋中間子〉になるのがベータ・マイナス崩壊であり、この中間子が電子と反中性微子に分かれて放出される。この時に飛び出す電子がベータ線である。

訳注16　アルファ線：たとえばウラン二三八がアルファ崩壊してトリウム二三四に変わる時には、ヘリウム原子核が放出される。これをアルファ線と呼ぶ。ヘリウム原子核は電子の七〇〇〇倍以上の大きさがある。

核種を集積している一部の細胞や臓器に集中的に起こるのである。(18・19・20) たとえばストロンチウム九〇は基本的に骨に固着する。その位置から、造血の場である骨髄を被曝させるのである。バンダジェフスキによれば、放射性のセシウム一三七は臓器ごとに、また年齢や性別によって、異なった集積の仕方をする。放射性セシウムの溜った臓器は病理学的ないし病原学的な変性を示す。子供の場合、内分泌腺や胸腺や心臓が、セシウム一三七のもっとも集まりやすい部位である。機能障害は、とくに循環器系の場合、子供の心臓のセシウム一三七の蓄積量に比例する。

## 低線量被曝が癌の発症に演じる役割

C・スピクス(訳注17)博士のチームと協力者たちが公表した最近の研究(22)が、数カ月にわたってマスコミを賑わした。このチームの研究者たちによると、正常に機能しているドイツの一六の原発の周辺半径五キロメートル以内の地域の、五歳未満の児童を地域外の児童と比較して、白血病では一二〇%、それ以外の癌では六〇%も多いということが分かったというのだ。メディアは驚愕したようである。一九八〇年から二〇〇三年にわたる、五歳未満の子供の癌をそうした地域から一五九二症例集め、同じく五歳未満の、しかし原発からは遠く（五〇キロメートル以上）に住む児童の四七三五症例を集めている。しかし、同じような研究は以前にも幾つも発表されていて、原発の周囲での悪性の疾患の増加は分かっていたことである。(23・24) ミュンヘンの疫学者A・ケルブライン(訳注18)の仕事が参考になる。それらの研究によれば、原子力発電所の近くに住むことによって子供たちの健康が悪化するのである。スピクスたちの研究はそれを追認しただけのものだ。IPPNW(原注1)ドイツ支部の働きかけがあり、ここ一〇年の様々な研究を知って不安になった家族たちの署名一万筆の嘆願書も出されていて、メルケル首相の政府は、プロトコルを厳格に設定し、誰でも理解のしやすいもの、という条件のもとで、研究を新たに発注したのだ。

そのプロトコルによれば、問題になっているのはまず、発電所から半径五キロメートルの範囲内である。白血病と癌とが、そこでは統計上有意に増加している。半径一〇キロメートルの範囲内の悪性腫瘍についても計算をすれば、増加の様子は、統計的にさらにはっきりしたことであろう。半径二〇〜五〇キロメートルの範囲について計算をすると、癌の発生率は普通になる。つまり、ドイツ全体の統計数値とほぼ等しくなる。調査をした人たちは、この結果に驚いた。しかし、スピクスたちの集めたデータの統計的解析は、それ以前にドイツで、あるいは欧米各地で何回も行なわれてきた調査結果を追認しただけのものなのである。ラアーグ(訳注19)のAREVA(訳注20)の施設の周囲

---

訳注17　Claudia Spix：ドイツの医学者。ヨハネス・グーテンベルク大学（マインツ）に所属する、小児癌の研究者である．

訳注18　Alfred Körblein：ドイツの医学者。ミュンヘン環境研究所。

原注1　IPPNW：International Physicians for the Prevention of Nuclear War 核戦争防止国際医師会議

で小児白血病の調査をした結果も、同様のものであった。[23~26]

原発から出てくる人工放射能は極めて低線量なのであるから、腫瘍の原因であるはずがないと理解するように仕向けられてきた。自然放射線が平均して年間二ミリシーベルトほどもあるし、高緯度の地域ではさらに高い。原発から受ける線量はそれより低いではないかと言うのである。核ロビーの専門家たちも、一万ミリシーベルトを短時間で受けると死ぬということは言う。少なくとも二〇〇〇人の後始末人たちが、一〇〇〇ミリシーベルトの線量を浴びている。そして急性症状を現わして治療を受けている。しかし、もっと低い線量の人工放射性核種については、危険を頑固に否認し続けているのである。

原子力発電所は放射性核種を合法的に大気中に放出している。その中で特に問題なのは沃素同位体、ニッケル同位体、コバルト同位体[訳注21]、セシウム同位体であり、さらにアメリシウム[訳注22]、クリプトン[訳注23]、炭素一四[訳注24]がある。さらにトリチウム[訳注25]があり、これはミトコンドリアに変異を引き起こして癌を促進するとも言われている。[27]原発からは排水に混って水溶性の放射性廃棄物もまた、合法的に放出されている。こうしたもののそれぞれの線量は確かにごく僅かなものであるが、しかし何度も繰り返して、一年中放出され続けているのだ。こうして合法的に発電所から出ているものについては、広島の例から計算した同じ数式を用いるべきではないのだ。胚、胎児、そして子供という、もっとも傷つきやすい存在への被曝の影響を科学的に、また事象の起きている現場に即して研究すべき時なのである。正常に運転されている原発でも、周辺の環境は胎児や小児に有害だということが、ドイツの最新の研究によって確実に追認されたのだ。
一九五〇年代にアリス・スチュアート(訳注26)が、人間の胎児のX線に対する驚くほどの脆弱性を明らかにしていた(28)。彼女の発見に対してはレントゲン技師やエキスパートから非難囂囂《ごうごう》だったが、結局のところ、妊娠中の女性のX線撮影に際しては腹部の防護措置が教えられるようになり、結局は義務になった。胎児や小児のX線に対する感受性の強さは、その後も多くの研究によって確かめられている(29)。

訳注19 La Hague：フランス・ノルマンディのコタンタン半島の先端にある岬。一九六〇年代より原子力施設が立地するが、その後、燃料のいわゆる「再処理」工場が施設の中心となった。度々事故を繰り返しているほか、日常的に汚染水を海洋に放出していると言われてきた。
訳注20 AREVA：フランス原子力エネルギー局（ＣＥＡ）の事業部門と、旧Framatome社、Cogema社とを統合して二〇〇一年に発足した原子力エネルギーの巨大会社。アメリカや中国を含む世界四三カ国に拠点を置き、装置や燃料などを一〇〇カ国に販売する。
訳注21 自然界にはコバルト五九がある。これに対する放射性の同位体元素がコバルト六〇で、自然界には元来存在しなかった。コバルト六〇からさらに、ニッケル六〇という人工の核種が生成する。
訳注22 プルトニウム二三九が崩壊してできたプルトニウム二四一が、さらに崩壊してアメリシウム九五になる。この時、ベータ粒子が放出される。
訳注23 クリプトン八五はベータ崩壊してガンマ線を出す
訳注24 自然界の炭素は炭素一二が九八・八九％、炭素一三が一・一一％。炭素一四はベータ崩壊をする。
訳注25 通常の水の分子が水素二つからできているのに対し、三個の水素が結合したもので、三重水素とも呼ぶ。自然界にも微量が存在する。

癌や白血病だけではなく、チェルノブイリの後で観察された他の病理についても、原発の周辺での発症率を研究した方が良いと考えられる。畸形や遺伝病などだが、また新生児の甲状腺の機能不全とか、死産や出生まもない死亡とかについても必要であろう。ドイツでは出生後二八日目までの死亡を死産統計に含めているのであるが、チェルノブイリの後、この死産の率が四％上昇した。人口八〇〇〇万人のドイツにとって、これは統計上、有意な数値である。(30) 汚染の激しい地区、例えばベルリン、旧東独、そしてバイエルン(訳注27)などでは、この数値は八％になる。チェルノブイリの後、多くの国々で同じことが起こったはずだが、大多数の国々はきちんと統計研究をしなかったか、あるいは結果を公表せずに伏せている。生まれてきた子供が直後に死亡したとすれば、家族にとってはたいへんな悲劇であり、痛ましい出来事なのだが。

スピクスたちの研究に対して追試を行なうべきだと言っている国々や研究所もある。つまり、ドイツのこの疫学調査の結果を、急ごしらえの見せかけの研究と突き合わせようというものらしい。しかし、ドイツの研究と並べて統計的に比較分析するためには同じ水準のものでなければならないだろう。ドイツのチームが研究した一五〇〇の症例の子供たちは、階層に偏りなく選ばれていて、住居も固定していて、発電所からの距離も二五メートルを単位として明示されている。比較対照群に選ばれた遠方地域については、その倍以上の症例が集められている。ベルギーやフランスやスイスのように西風が圧倒的に優勢な国では、気象学的なデータも考慮しなければならない。すると同心円状に区分を立てるのではなく、楕円を描き、西側の焦点に原発を位置させるようなことも必要であろう。アメリカ合衆国の「スリーマイル島」の原子炉の炉心溶融でも、このように優勢な風向きを考慮した分析が行なわれた結果、人工放射性核種の発生源から遠く離れた場所にも放射性降下物が降り、病気の発生率や死亡率が大きく増加したことが、はっきりしたのであった。アメリカの多くの研究では核実験の風下の住民たちのことを「ダウンウィンダーズ」とし、気象学を相関させて定義している。「風下」の村々が沃素一三一で汚染されていたハンフォード(訳注28)の核兵器工場に関しても同様である。そのあたりの住民の間では、CDC(訳注29)の記載によれば、風に晒されている人たちの四五%に甲状腺の障害が見られ、通常は比較的稀な病気の橋本病が一九・六%に見られる。甲状腺癌については、〇・五八%に見られた。

訳注26　**Alice Mary Stewart**：(一九〇六〜二〇〇二) イギリスの医療物理学者。オックスフォード大学教授。一九八六年、ライト・ライブリフッド賞を受賞している。放射線被曝の研究、特にアメリカの原子力産業の労働者の疾病研究で著名である。

訳注27　**Bavière** (**Bayern**) ドイツ南部の州。ミュンヘン、ニュルンベルク等のある地区。

訳注28　**Hanford**：アメリカ合衆国ワシントン州、シアトルの西南西二五〇キロメートルほどの、コロンビア川に沿った地区。核兵器の研究・製造施設が立地している。

訳注29　CDC：**Centers for Disease Control and Prevention** 疾病の防護を謳った、アメリカ政府のセンター。本部はジョージア州アトランタにある。

ＷＨＯの三人の事務局長には　ＰＳＲ／ＩＰＰＮＷ（原注1）を援助していただいた。お礼申し上げる。

◎中嶋宏博士（訳注30）は一九九五年一一月二三～二七日、チェルノブイリの健康被害に関するジュネーブ会議を開いた。この重要な会議の報告集は、ＷＨＯのＩＡＥＡへの従属を定めた協定により、出版できなくなった。この事情はスイスイタリアテレビに対し中嶋博士が二〇〇一年にキエフで述べた通りである。

◎デヴィド・ナバロ博士（訳注31）（事務局長代理）には二〇〇〇年六月一七日にお会いしたが、別れ際に「もしあなたがＷＨＯに成り代って何かおできになる立場だったとしたら、どういうことをなさいますか?」と尋ねられた。私たちの答はこうである：「ＷＨＯがこれまで新たな、そして困難な問題に直面した時にしてきたのと、同じようにする積りです」

つまり、そうした時にＷＨＯは作業部会〝Scientific working Group〟（ＳＷＧ）に専門家を召集する。「行動計画」を立案する前に、まず学界に充分な情報を流すのである。一九五六年に、原子力産業の息を切るような発展を前にしてＷＨＯは遺伝学の専門家たちのグループを召集した。その中には、ノーベル賞受賞者のミュラ博士も含まれていた(33)。一九八六年に、チェルノブイリのための最初のＳＷＧは、「北半球の放射能汚染の遺伝的帰結」を主題にするべきであった。三〇年間に遺伝学は飛躍的に発展した。電離放射線によってゲノムの恒常性が損なわれるということが、チェルノブイリでは、人間の場合でも動物の場合でも、特別に重要な役割を演じる現象であった[15・17]。五〇年前に比べて私たちは、人間のゲノムの損傷が健康を損ない、病気や癌を引き起こすだけではなくて、一九五六年にも既に強調されていたことではあるが、未来の世代にとっても、いったいどれほど有害かということを、よりはっきりと理解できるようになっている。ゴンチャロヴァ教授のチームによれば、二〇世代先までも影響は及ぶのである。この危険はＳＷＧのメンバーによる共著としてまとめられ、ＷＨＯによって刊行されている[33]。

◎最後に李鍾郁博士[訳注32]には、核戦争防止国際医師会議（ＰＳＲ／ＩＰＰＮＷスイス支部）の代表団との会談に時間をお割きいただいた。また、二〇〇五年に国連に提出すべき報告書の内容が煉り上げられていたＷＨＯ―ＩＡＥＡの二〇〇四年九月一三～一五日のフォーラムへの出席をお許しいただいた。

---

訳注30　中嶋宏：五三頁の訳注6参照。

訳注31　**David Nabarro**：（一九四九～）イギリスで内科医を務めた後、イギリスの政府機関などを経てＷＨＯ入りした。イラク戦争でアメリカが国連の現地事務所を爆撃した時に、中にいたが無事であった。

訳注32　李鍾郁：이종욱　イ・ジョンウク（一九四五～二〇〇六）韓国の医師。二〇〇三年からＷＨＯ事務局長であったが、任期中に急死した。

## 利害関係の軋轢

ＩＡＥＡの基本理念は、その出版物の冒頭の数ページのどこかに必ず記されている。「全世界の平和、健康、繁栄のために、原子力エネルギーの貢献を加速し増進する」というのがそれだ。つまり、ＩＡＥＡは商用原子力のプロパガンダ（『ラルース』二〇〇二年版：「何らかの理念や教義を受容させるために、世論に対して行使される体系立った行動」）のお膳立てをするのが仕事の、国連の下部機関だ。原子力の国際的な推進者という役割である以上、この機関には自立性のかけらもなく、信頼性もない。原子力産業の周辺で起きた事故や障害に関係して、健康被害が問題になる時など特にそうだ。この機関が力を及ぼすべき産業の推進のためには、実際、チェルノブイリ事故による何十万人かの重い障害者とか死者とかは、厄介者のわけだ。原子力産業と健康被害とが問題になる時、ＩＡＥＡはそれを裁く裁判長であるが、同時に相争う一方の当事者でもあるということになる。

フランスやベルギーやスイスのような原子力への依存度が高い国では、「正常に」運転されている原子力発電所の周辺住民の健康、あるいは障害が生じた時の健康被害のことが問題になる時には、研究は利害関係の軋轢にぶつかることになる。研究が発電会社によって監修されていればなおさらだ（フランス電力のボワトゥ社長は、国立科学研究センターの予算配分委員会の委員を務めていた）。

こうした紐付きの問題がWHOの仕事を歪めることは度々あり、煙草を吸わない人までが健康を害するという、受動喫煙の問題が研究されていた時にも、何人もの学者が煙草のロビーから買収を受けた。(訳注33) いんちきな研究報告が公刊され、ベルンのツェルトナ教授を座長とするWHOの調査委員会が、煙草ロビーの演じた役割を明るみに出すことになった。驚いたことに、買収されていたのは西欧の豊かな国々の、権威ある学者たちだったことだ。(34・35) 煙草の悪影響が、子供とか、妻とか、給仕の女性といった無関係の人たちの健康を損ねるのだが、WHOは今でこそ、これに対して正しい対策を取っているものの、こうしたいんちきな研究結果が採用されていたために、二〇年を越える遅れを取ったのであった。

## 二〇〇四年、WHOのチェルノブイリ・フォーラム

李教授からの招待のお蔭で、私はWHO本部で開かれた二〇〇四年のチェルノブイリ・フォーラムにオブザーバとして参加することができた。事前に細かい字で二ページにわたりビッシリと書きこまれたアンケート用紙（「WHO専門家利害関係申告書」(原注2)）の欄を埋めなければならなかった。

訳注33　ここで誰を指しているかは不明だが、煙草ロビーの御用学者としてはデイヴィド・ウォバートンなるイギリス人がつとに有名である。また動員されたのは医学者とは限らず、例えばベルギーではクロード・ジャヴォという社会学者が一時期先頭に立って御用提灯を掲げていた。

いま話題にした電気エネルギーの生産者たちのロビーと、私が絶対に無関係であるという確証を、WHOに与える必要があるのだった。ロビーの息がかかっていないことをはっきりさせられるように回答し、署名して返送した。金銭関係や職業上の付き合いなど、すべて明らかにする必要があった。履歴の過去に遡る必要があったし、間接的なものも含まれた。例えば家族の誰かを通して、たとえ僅かでも電気関係の産業と関連があれば、原子力産業と関係を疑う、ということなのだった。

二〇〇四年九月一三日のフォーラムの当日、開会の少し前に係の女性が、その質問書を改めて何人かの参加者に配布していた。期日に返送しなかった人たちなのだ。私の隣の席の男性にも配布されたのだが、その二ページに一瞥をくれただけでサインをし、係の女性の手に戻した。一分間ほどでことは済んだ。会議にはIAEAのメンバーが何人か来ていたのだが、私の隣人もそうなのだということは後で分かった。原子力エネルギーを推進する国連の機関から、この人物はジュネーブに派遣されてきたのだ。政治的に重要な他の様々な催しにも派遣され、月々の給料を貰い、将来は退職金も受け取るのである。商用原子力エネルギーの推進というIAEAの憲章に掲げられた目的の実現に向けて、こういう雇われ人たちは肩に期待を背負っているわけだ。IAEAの利益を擁護しないようなことがあれば、彼らのキャリアには傷が付き、将来も危うくなる。取るべき態度を心に刻み、フォーラムの間ずっと彼らは分科会でも作業グループでも活発な発言を続ける。言うまでもなく彼らは、明らかな利害の衝突に直面する度ごとに、IAEAと繋がっている分科会の座長の目の前で、品定めされるのである。
歓迎の言葉が事務局長を代理して陳博士(訳注34)から述べられた後、WHOで環境と健康の問題を扱う部門のM・レパコーリ博士(訳注35)が、議場に挨拶し、休憩や昼食、コピーなどの説明をした。続いてフォーラムの議長の選出になり、討議もなく投票もなく、F・A・メトラが就任した。アメリカの放射線の教授で、IAEAお抱えの医学の専門家である。話はいろいろあるが、九〇年代の初頭に、ベラルーシでの甲状腺癌の増加を否認していたことを書いておこう。WHOの専門家であるキース・ベイヴァスタク博士が一九九二年にベラルーシの診療家たちと共著で増加を発表してい

---

原注2　二〇〇四年のフォーラム参加者が署名して提出するよう要求された「WHOエキスパート利害申告書」の冒頭の二段落目までを、参考のために引用しておこう。

「公衆衛生の考慮はWHOの技術的作業全般にとって何よりも重要である。直接的であると間接的であるとを問わず、いかなる圧力も受けない自立した空気の中で、科学的明証性の可能な限り最善な状態での合意を確実にするため、方策が取られなければならない。WHOの仕事に技術的な完璧性と公平性とを保証するため、財政上その他の利害がその仕事の成果に影響しうる状況を避けなければならない。

エキスパートである各人は、従って、各人の会合あるいは事業への関与に関して、①営利企業体と参加者個人との間で、②営利企業体と参加者を雇用している管理体との間で、実体的、潜在的ないし表面的な利害の競合を構成しうる、いっさいの利害を申告するように求められる。ここで「営利企業体」と言うのは、会社、法人、協会等の種別を問わず、あらゆる種類の営利のものを言う。」

たのに、認めなかったのだ[12]。メトラ博士はUNSCERの幾つかの委員会の責任者でもあり、またIAEAのスポークスマンでもある。国際放射線防護委員会（ICRP）の有力なメンバーでもあるが、WHOの手にあったはずのICRPの方針決定権にもやすやすと手を伸ばしているのだ。このように多くの職務を兼業しているので、矛盾した利害関係を絶えず一身に負うことになっていて、二〇〇四年にWHOの本部の敷地内でチェルノブイリ・フォーラムの議長を務めた時には、その矛盾も極まったことになるのは言うまでもない。

WHOの憲章には「保健の分野における、国際的な性格の事業にあっては、導き、また取り仕切る権威として行動する[37]」と謳われている。しかし、その地位を、本拠地にあってさえ既に、IAEAに奪われてしまっているのである。こうしたWHOの服従もまた、一九五九年に署名されたIAEAとの合意文書（WHO一二―四〇）の帰結なのだ。この文書が、原子力が健康に及ぼす脅威の領域で、WHOの自立性を完璧に剥奪したのである[38]。

フォーラムの議長となったメトラ博士は、問いを出した。出席者はこれに答えなければならないのだ。死者は四〇人だったか、それとも四〇万人だったたか。分かる人には分かるわけだが、チェルノブイリ由来の放射線量として定義されているものに起因する死者として認められているのは四〇人であって、それ以下の数字が出るように計算を進める義務があるわけなのである。補完的な要素やその他の危険因子は入れないわけだし、「不確実」なものはなおさら入れてはならない。なるほど、死者たちにとっての健康上の問題は電離放射線に起因していたのであって、あれやこれやの雑多な要素によるのでないことは、死者たちが自分で証明するしかないということなのだな、という気分に間もなく陥った。

彼らは早過ぎる老化に苦しんだ。循環器系、続いて呼吸器系の進行した状態が早過ぎる死の第一の死因であるが、そこに至るまでに彼らは重度の障害を生きたのだ。呼吸困難であったり、あるいは四〇年も早くに網膜が劣化して失明に至ることもある。(39) 精神神経障害で苦しむ人もいる。認知記憶の喪失や慢性疲労症候群、あるいは精神分裂症などである。中枢神経系の有機的な損傷に対応する病状である。損傷部位は奇妙な具合に左大脳半球に集中する（右利きの人の場合）。子宮内で被曝して精神発達に遅滞のある子供の場合と、同様な局所性であると言える。(40〜43)

二つの研究があって、その結果が一致しなければ（一方の結果が他方の結果を否定していれば。あるいは双方の研究の質を比較することはしない）、それだけで、被曝は無罪放免となるのだった。

訳注34　Margaret Chan：陳馮富珍（一九四七〜）中国（香港）の医学者。二〇〇六年より、李事務局長急死の後を受けてWHO事務局長の座にある。二〇〇四年当時は事務局次長。

訳注35　Michael Repacholi：オーストラリアの物理学者。二〇〇五年九月にWHOはIAEAと共同で、チェルノブイリ事故の大きな影響を否認する文書を発表した。その著者集団の中心だったのがこの人物である。

は、線量が正確に知られていなければ、それで無罪だった。

仮定でしかない要素が原因でありうることが示されれば、それで無罪だった。酒の飲み過ぎでもこうなる、煙草の吸い過ぎでもこうなる、怠け者なのだ、たかり屋なのだ、あるいはエネルギーの欠けた人間なのだ、過食症だろう、と言った具合である。しかし例えばK・ロガノフスキ[訳注36]が後始末人の一群を、キエフの人々と対照して研究したように、病気に罹った後始末人を被曝していない健康な人々と対照して研究すれば、このような危険因子（酒、煙草）を引き出してくることは不可能になるのである。障害者や死者たちは不在なまま、そういう人たちの弁護人も不在なまま、このフォーラムはそういう人たちを罪人に仕立て上げる。一九九六年四月一二～一五日にウィーンで開かれた人民法廷で裁判長を務めた、ベルギーのルヴァン新大学の国際法教授のフランスワ・リゴ[訳注37]が言った、「犠牲者を重ねて犠牲者にする」[44]とは、まさにこういうことを言うのである。

## 否認主義[訳注38]：汚染地域の子供たちの無感動症

チェルノブイリの癌以外の病気を主題にしたこのフォーラムは、子供たちに関連したいくつかの主題にも入り込んだ。しかし三日目のことだが、かつてはＷＨＯの協力者だったが現在はモスクワで教授をしているスシュケヴィチ博士[訳注39]は、ロシア連邦の南西部の汚染地域に暮らす子供たちの問題を、今こそ論じるべきだと提議した。実はその子供たちは何事にも関心を示さず、昼でも眠っている。泣かないし、遊ばない。病気のことも多い。いろいろな重い状態が重なって、入院していることも多い。

座長はこの提議に苛立ち、立ち上がってホミェリの疫学者に二言三言投げた。彼女はすぐに返事をしなかった。この沈黙を利用し、座長は言葉を継いだ。もし他にこの問題に関心のある人がいないのなら、次の議論に移りましょうと言うのである。こんな具合にして、小児医学を丸ごと奇術師のように消してしまったのだ。しかし子供たちのこうした病は、ロシアだけのものではない。パリ駐在のウクライナ大使は二〇〇五年四月二五日、記者団に宛てたコミュニケで、ウクライナでのチェルノブイリの犠牲者は二六四万六一〇六人にのぼると発表した。現在なお汚染地域に住み続けている人たちの八七・七五％が病気である。その三人に一人は子供だ。病気の人たちの全体に占める比率は年を追って上昇していると、コミュニケは明言している(10)。ベラルーシの保

訳注36 Konstantin Loganovsky：ウクライナの精神神経学者。ウクライナ医科学アカデミー放射線研究センターに所属し、放射線の脳への影響に関する論文などがある。

訳注37 François Rigaux：（一九二六〜）ベルギーの国際法学者。ベルギー王立学士院会員。ルヴァン・カトリック大学名誉教授。数々の国際法廷で判事をつとめた。ベルギー＝カンボジア友好協会会長。

訳注38 négationisme：たとえば、ナチスの強制収容所は存在しなかったとか、南京大虐殺はなかったという類の議論を「否認主義」と呼ぶ。ここでは、原子力推進派の病気の存在を否認する議論は、そうした親ナチス風の考え方と同質だと言っているのである。

訳注39 Gennadi N.Souchkevitch：ロシアの放射線医学者。

健相も、ミンスクの議会での公聴会で二〇〇〇年の四月に科学アカデミー幹部たちの臨席のもとに、この地域の主任小児科医の現地での観察を裏付ける証言をしている。それによると二〇〇〇年の時点で、汚染地域に住む子供たちの八五％が病気であった。つまり八五％の子供たちに治療が必要なのだが、チェルノブイリ以前には、この地域で病院に通った子供は一五％でしかなかった。小児科医師たちが見つけた病気の中で、慢性症状のものが特に目につくのは、呼吸器や泌尿器の病気と、心臓の病気である(45・46)。

二〇〇〇年以降の子供たちの統計の中には、一九八六年に沃素にやられた人たちは既に含まれなくなっている。今の子供たちの問題は、地元で生産された汚染食品によって放射性核種、主にストロンチウム九〇やセシウム一三七を体内に取り入れてしまっていることだ。果物や野菜、牛乳、肉や魚、森の苺類や茸である。したがって、かなり前から、被曝の問題の中心は内部被曝なのだ。ウクライナ、ベラルーシ、ロシアの三国のこうしたデータをフォーラムはほとんど無視した。二〇〇〇年の国連総会で、UNSCEARの提出したチェルノブイリ事故の健康被害の報告書は、もっとも苦しんでいるこの三国の代表団から厳しく批判された。それで、投票抜きでの採決を強行したのだった。「大方の同意を得て」と言われているものの、これが中身である。

それより前のことだが、私はベラルーシのストリン地区(訳注40)で、エトス計画(訳注41)の最終の総括に立ちあったことがある。五年前から来ているフランスのチームが助言をばら撒き、農業を支えていた。フランスチームから多大な援助を受けている地区なのだが、子供たちの健康を預かる小児科医によれば、ここ一五年、子供たちの健康状態は悪化の一途を辿っていた。エトス計画を通じて、農業や、厳しい環境の中での暮らし方の教育に援助が行なわれてはいても、それによって死亡率や、変性をもたらす病気、あるいは感染症その他の発症率、さらには出産の事故の発生率等の増大のカーブに、ほんの僅かの鈍りも見られなかった。それどころかここ一五年の間に、重い病気で入院する人の数は一〇倍になっていると彼女は指摘した。

この計画の産みの親がCEPN（訳注42）であることを思い起こす必要がある。CEPNは一九〇一年法（訳注43）に準拠した非営利のNGOだが、その設立の母体はフランス電力（EDF）、原子力エネルギー委員会（CEA）他であり、その中にはAREVAも入っている。セシウム一三七の強度の汚染を受けている子供たちへの調合ペクチン剤による治療を、このチームは拒否した。この調合剤はべ

---

訳注40　Stolyn：チェルノブイリの原発から真西に約二〇〇キロメートル、ホリン（ゴリン）川沿いの地域。ベラルーシの南端で、ウクライナとの国境のすぐ北側になる。

訳注41　projet ETHOS：フランスが中心になって実施された、ヨーロッパ連合のベラルーシ支援事業。ストリン地区のオルマニ村など五村（ベラルーシ南部。チェルノブイリから約二〇〇キロメートル。数百から一〇〇〇キロベクレル程度のホットスポットが点在する）を舞台に、一九九六年から二〇〇一年までの五カ年にわたった。事業の後半からはフランス電力等も資金を提供している．

訳注42　CEPN：Le Centre d'étude sur l'Evaluation de la Protection dans le domaine Nucléaire 直訳すると、「原子力部門での防護評価研究センター」一九七六年設立。

訳注43　loi 1901：フランスでは法令を成立年月日で呼称する習慣がある。急進党内閣時代に成立したこの法律は非営利団体に法人格を与えるもので、日本のNPO法に似ている。一九〇一年七月一日法とも言う。

ラルーシでもウクライナでも、有効性が立証されているのである。三週間の治療が適切に行なわれば、その間の食事が放射能に汚染されていなければの話であるが、体内のセシウム一三七の三分の二を排出することができる。これに対し、ペクチンを含まない「きれいな」食事による療法では、子供の体内に含まれる放射能は、三～四週間続けても一四%しか低下しない。この差異は統計的有意が大である。[訳注44][47・46] $p<0.01$だ。

## 体内に摂取した放射性核種による内部被曝

線量を計算する時、専門家たちは今なお、人間を水の詰まった均一な一つの袋のように扱っている。[13] 宇宙線についてであるならば、こういう議論の仕方もなんとか我慢できないでもない。原爆の閃光を浴びた場合もそうだ（ただし、後で降ってくる死の灰の方は別だ）。環境の中から放射されてくる、セシウム一三七のようなものからのガンマ線あたりが、まあ、限界といったところか。専門家たちは臓器の線量という考え方を取らないのだ。沃素一三一について甲状腺の線量を計算する時だけが例外なのだ。どうせなら、乳房の線量もその例外に含めれば、もっと好都合だったのではないだろうか。乳腺は沃素一三一にしてもセシウム一三七にしても、かなりの減量をする。乳と一緒に出ていくからだが。臓器の線量という概念は取り込まれる人工放射性核種のすべてに適用するべきだろうし、アルファ線であれベータ線であれ、そこから生じる放射線の上限の量を含めて計算するべきなのだ。

ユリ・バンダジェフスキ教授は一九九〇年から一九九八年にかけて、ホミェリで行なった解剖の過程で切除した臓器での、放射性セシウムの直接測定のデータを発表していた。臓器内の放射性核種が内部被曝を起こすのだが、セシウム一三七が蓄積した臓器の被曝が何よりも問題である。セシウム一三七が食品から日常的に摂取されていくと、内分泌腺や胸腺の内部、あるいは免疫系の中枢や心臓内での線量は格別に高くなる。特に子供のばあい、同じ地域に住んでいる成人に比べて、臓器によって違うが、二倍から三倍の高さになる(20・21)。

子供が牛乳や野苺類を多量に摂取するという事実から、この大きな差異を一部、説明することができる。放射性セシウムあるいはストロンチウム九〇の負荷のある組織ないし臓器は、直径一ミリメートルの範囲内という至近にある細胞を、ベータ線で被曝させる。このベータ線はガンマ線よりも毒性が強く、細胞を変性させる。もちろん、ガンマ線はこれに対して相乗的に働くのである。骨の表面に集積したストロンチウム九〇は、感染や癌細胞から生体組織を守るために必要な白血球の造血系を被曝させる。ウラニウムの派生物はアルファ線も出すが、その変性毒性はさらに強い。

訳注44 「有意」は統計学の専門用語で、単なる偶然である可能性がほとんどない時、「統計的に有意である」と言う。pは偶然性のことであり、p<0,01は偶然である可能性が一%以下と見積られていることを示す。通常は五%以下であれば「有意」であるとみなされる。

患者の生涯を通じてずっと測定を繰り返していかない限り、何らかの病的な状態があっても、放射線が原因であると言い切ることはできない、という論法が実に安直に用いられてきている。だから汚染地域の学童のセシウム一三七による被曝線量を、スペクトル計測器で直接、繰り返し計測するのは重要だ。「ベルラド」放射線防護研究所の機動調査隊がなしとげた仕事の一つである。(47) 小児の体重一キログラムあたりの被曝線量が四〇ベクレルであったとしても、内分泌腺にはその四〇倍の負荷がかかっている可能性があり、逆に、皮膚または脂肪組織では、三〇分の一ほどの負荷でしかない可能性がある。

このようなデータから医師たちは、チェルノブイリ以来観察してきた臨床例について、病理と病原の両面から明らかにすることができる。臓器ごとの測定データをこうしておさえておかないと、それがそのまま、汚染された地域に見られる病気であっても、病因であることを無視することに繋がっていく。そしてさらに、ペクチン療法のような、特有の治療ないしは予防法を禁止したりすることにもなるのである。(47・46)

## 小児の糖尿病の増加の無視

一九九六年四月にウィーンのＩＡＥＡ本部で開かれた国際報告会の全体集会で、私はチェルノブイリの後で小児の重篤な糖尿病が増えているのは何故かと質問した。司会をしていた専門家は暫くの間、不動だったが、突然、こう言い放った「チェルノブイリに関しては最良の専門家の方々が、今、私の前にこうして何千人かお集まりのわけです。そのどなたも挙手なさらない、ということはつまり、どういうことかお分かりのはずです。糖尿病はチェルノブイリと何の関係もありません」。そうして彼は、もう一本のマイクの前で順番を待っている人物が、別の話を始めるように仕向けた。「すべての専門家の方々が一致して……という意見をお持ちでいらっしゃいますので……」と言って別の話題に移るのだが、真剣な問題設定そのものを否定する際によく使われる常套手段なのである。

私の質問は、ベラルーシに一九九五年四月に滞在した折に、観察したことがらに基づいていた。小児科医たちと内分泌医から、糖尿病が増えていると聴かされたのだ。日に二度のインシュリン注射と、頻繁な血糖値測定が必要なこの重い病気が、チェルノブイリ以来、頻発するようになったのである。小児の場合この病気は、いきなり血糖値の低下によって意識を失うところから明らかになるのであり、発症年齢は低下傾向があって、乳児でさえ発症するようになった。家族内の既往症を調査してみても、両親に血糖値関係の病気が見られないことも、この新しい重い糖尿病の特徴として重要である。これまで常識だったこととは逆に、チェルノブイリ以後の早発性糖尿病では、家族の、ないしは遺伝性の因子は役割を果さなくなったかのようだ。一〇〇人の子どもたちを測定したのだが、うち、家庭内の成員や叔父・叔母・従姉妹・祖父母のことが分かっていた六〇〇人について、さらに深く調査をしたのである。診療所を何カ所か巡った後で私は、ミンスクでレンクフェルダ教授[訳注45]と出会い、私の見方を述べる機会があった。教授はベラルーシの医師たちが集めたデータによる一つの表を見せてくれた。その医師たちの中にホミェリで仕事をしている親子二代のデミジーク教授[訳注46]やその同僚たちがいた。その彼らの地区では糖尿病の子供たちの新しい症例は増加の一途をたどっていて、一九八五年から一九八七年の時期と、一九九三年から一九九四年の時期とを比べると、三倍に増えた計算になるのだった[48・49]。

ベラルーシでの疫学的調査によれば、放射性降下物による汚染の激しい地域の子供たちでは、膵臓内のランゲルハンス島[訳注47]内で、インシュリン・ホルモンを製造する、ベータ細胞に立ち向かっていく自己抗体の総量が、放射性降下物の汚染が深刻でない地域の子供たちに比べて、明らかに増加していた。

この研究では、甲状腺の抗原に立ち向かっていく抗体についても、同様の現象が明らかになった。こうした自己抗体は糖尿病の原因である一方で、橋本病という、また別の病気の原因でもある。アメリカ合衆国ハンフォードの原爆製造工場から出された沃素同位体で汚染された風下で暮らす住民たちの一九・六%が、この甲状腺障害に罹っていることが、国立研究センターＣＤＣの医師たちの糖尿病研究で判明している。

広島原爆の生存者たちの追跡調査からも、自己免疫による内分泌疾患については明らかになっている[50]。さらにバンダジェフスキ教授は、ホミェリで行なわれた解剖の過程で放射線量（セシウム一三七）を測定しているが、セシウム一三七は新生児ではまず甲状腺にもっとも多く蓄積し、続いて小児では内分泌腺に蓄積すること、中でもいちばん高い値は膵臓で計測されたことなどを明らかにしている。[20]

新生児の膵臓へのセシウム一三七の蓄積のことを私はメトラ教授に注意した。教授の乱暴な応答は予め準備されたもののようだった。ＳＭＷに載った論文類を読んでいたに違いない。因みにこのイギリスの雑誌で投稿を取捨選択する委員会はたいへんに厳格である。「解剖の過程でバンダジェフスキは胆嚢を破ってしまったのですよ。それで膵臓が胆汁で汚れてしまいました。だから、膵臓で値が高くなったのも当たり前ということですよ」という発言は、メトラの侮蔑とあくどさとを同時に露呈したものだ。私の病理学者としての体験から言えば、胆嚢に穴を開けてしまうような出来事が起こるのは、胆嚢に癌ができてしまっている場合であって、それ以外にはまず起こらない。さらに知っておいた方が良いと思うことは、バンダジェフスキをちゃんと読んでい

---

訳注45　Edmund Lengfelder（一九四三〜）ドイツの放射線生物学者。チェルノブイリ事故後、ベラルーシ、ウクライナでデータを集めて研究した。データだけ取って現場で患者を治療せずに放置したという話が、推進派の攻撃文書に載るが、彼は医師ではないので治療はできないのである。二〇〇六年には事故後二〇周年の国際シンポジウムを主宰している。

訳注46　Eugeny P. Demidchik ベラルーシ国立医科大学教授。甲状腺治療の専門家である。菅谷昭（現・松本市長）がベラルーシで医療に従事していた当時の協力者でもあった。

訳注47　ランゲルハンス島：膵臓は消化酵素を含んだ膵液を消化器に分泌する器官だが、内部に二〇万個から二〇〇万個の微少な内分泌腺を散在する。ここで作られるホルモンの一つが血糖値の安定に欠かせないインシュリンである。名称は発見者パウル・ランゲルハンスの名前から。

れば分かることであるが、胆汁の製造所である肝臓のセシウムの量は、膵臓の二・五分の一から四四分の一の間であるということだ。李博士の招待で参加していた私は、フォーラムの議長のこういう逃げの発言に激しく言い返すようなことは慎しんだが、それでこの人物が小児の糖尿病の問題への考察から逃げるのを認めてしまうことにもなった。

甲状腺や膵臓の重い病には、病理学的に共通点がある。膵臓の場合、ランゲルハンス島に対する自己免疫に起因する。橋本病もまた、自己免疫による甲状腺の炎症である。二〇〇五年に国連に提出された最終報告には、こうした病のことは一言も触れられていない。しかし小児の糖尿病は家族にとっては痛々しい病であり続け、癒し難く、国家にとっては高価なものであり続ける。そして、日々のインシュリン注入が正しく行なわれなければ、重篤で多重な複雑な病状に陥るばかりなのだ。

## 結論

ここに並べた幾つかの断片的な話からでも、ＩＡＥＡやＩＣＲＰやＵＮＳＣＥＡＲによって国連に提出された、現実とは懸け離れた報告書ができ上がるに至る経緯を、多少知っていただくことができたと思う。しかし、ＷＨＯの二〇〇四年のフォーラムに参加したのは無駄ではなかった（原注3）。お蔭で私は、チェルノブイリ後の健康被害の問題を否認にもっていく仕組みを前より明確に把握することができたし、一九五九年以来の道筋の中でＷＨＯがどれだけ真実から懸け離れるようになったかを、測り知ることができた。

ビデルタル[訳注48]にて　二〇〇八年六月六日

## 参考文献


1　Yarochinskaya A. : Tchernobyl; Vérité interdite（ロシア語原文よりMichèle Kahn訳）. 欧州議会緑の党、Artel, Erasme集団参加者，ベルギー・ルヴァン新大学の援助により出版。Ed de l'Aube, pp 143; 1993.

2　Yablokov A, Nesterenko V. & Nesterenko A, TCHERNOBYL ; Conséquences de la catastrophe pour l'homme et la nature. Les responsabilités occidentales. pp 375, 2007 Greenpeaceによりロシア語で出版。英訳、仏訳を二〇〇八年現在、準備中

3　Belbéoch B. La gestion de la crise post-Tchernobyl par les autorités sanitaires françaises. Incompétence du SCPRI et désinformation. Dysfonctionnements et mensonges des services de


原注3　一五年間、私はＷＨＯで働いた。ＴＤＲ（ＷＨＯの熱帯伝染病研究訓練特別プログラム）の枠組みの中で、マラリアとフィラリアの研究の執行委員会顧問としてである。ＷＨＯが果す仕事への私の思いには熱いものがある。だからこそ私は、ＷＨＯが「保健の分野における、国際的な性格の事業にあっては、導き、また協調を計る権威として行動する」ことを求める憲章に忠実に、電離放射に起因する医療の分野でＩＡＥＡのくびきを脱して自立性を取り戻すことを、切実に願うのだ。

訳注48　Bederthal：フランス（アルザス県）の、人口数百人の小村。スイス国境に近く、バーゼルの南西一〇㎞に位置する。フェルネクス夫妻はアフリカから帰還後、この地に一五世紀建造の廃屋を買い取り、生活拠点とした。

l'Etat en 1986. Les preuves. Lettre d'information No 113/114,（81, rue du Temple, 75003 PARIS（ISSN 0996-5572）P 1-14, oct.-nov., 2006.

4 Belbéoch B. and Belbéoch R. : Tchernobyl, une catastrophe. Quelques éléments pour un bilan. Editions Allia, 16 rue Charlemagne, Paris IVe, pp 220. 1993.

5 Tribunal Permanent des Peuples. Commission Internationale de Tchernobyl : Conséquences sur l'environnement, la santé, et les droits de la personne. Vienne, Autriche, ECODIF- 107 av. Parmentier, 75011 Paris, ISBN 3-00-001533-7, pp 238, 12-15 avril 1996.

6 Les conséquences de Tchernobyl et d'autres accidents radiologiques sur la santé. Conférence Internationale organisée et conviée par l'OMS à Genève, 20-23 novembre 1995. Actes censurés du fait des liens juridiques entre l'AIEA et l'OMS, selon le Directeur Général de l'OMS à cette époque, Dr. Hiroshi Nakajima（Voir film de Tchertkoff, Mensonges nucléaires, réf. 8）.

7 Programme de la Conférence Internationale organisée par l'OMS à Genève, du 20-23 novembre 1995. Les conséquences de Tchernobyl et d'autres accidents radiologiques sur la santé. Le Programme peut être obtenu à Genève. WHO/EHG/1995. Attenant au Programme, La « Chronique de l'accident de Tchernobyl » qui débouche après des années où seules des décisions politiques sont prises, sans mention d'interventions sur le terrain mentionnée. Et deux lignes importantes pour finir : Début 1990, demande du Ministère de la Santé de l'URSS à l'OMS, d'établir un plan pour Tchernobyl, Le tableau s'arrête à la ligne suivante que l'auteur de l'article souligne:1991, Achèvement du projet International par les Soins de l'AIEA. Le tableau original attaché au Programme de la Conférence de l'OMS en 1995 montre l'accaparement par l'AIEA d'une demande du Ministère de la Santé de l'URSS, PSR/news, p.14—15, février, 2002.

8 Andreoli E., Cavazzoni R. & Tchertkoff W.: ATOMIC LIES, Production FALO. スイスではSwiss TV, TSI により放映。2002。カナダでも映写されたことがある：NUCLEAR CONTROVERSIES, Production Feldat Film, 2004

9 Kofi Annan, 国連事務総長´ Foreword of the OCHA report in 2000. Zupka D. OCHA representa-

tive, at the International Conference co-organized by the WHO-in Kiev, 04.08.2001.

10 在フランス・ウクライナ大使館のチェルノブイリの健康問題に関する報告書（二〇〇七年四月二五日）。国土の七％が汚染され、一三〇万人の子供を含む三五〇万人が重い被曝をしている。事故後、一六万人が強制避難になり、その人たちのうち八九・八五％は病気である。現在でも汚染地域に住み続けている人たちのうちの八四・七％が病気である。二〇〇六年の計算では、犠牲者総数は二六四万六一〇六人。

11 De Cort M. & al. : ATLAS of Caesium Depositions on Europe after the Chernobyl Accident. Environment Institute, European Commission Joint Research Center, Ispra, Italy.ATLAS pp 42 and 65 A3 plates, 1998.

12 Baverstock K., Egloff B., Ruchti C. & William D. Thyroid cancer after Chernobyl. NATURE, 359/ 6390, p 21-22, 1992,

13 Béhar A. : Faibles doses de rfadioactivité. Bull. de l'A.M.P.G.N.（Paris, 22e année）, Vol. 23 : No 82, p19-24, 2e trimestre, 2003.

14 Béhar A. : La radiobiologie a changé de base : Les effets à long terme des rayonnements revisités A.F.P.G.N. Médecine et guerre nucléaire, No 101 : p18.-25, 2008.

15 Morgan W.F. & al.: Genomic instability induced by ionizing radiation Radiation Research Vol. 146: p245-258, 1996.

16 Goncharova R.I. et al.: Transgenerational accumulation of Radiation damage in small mammals chronically exposed to Chernobyl fallout. Radiat. Envir. Biophys. Vol. 45: p.176-177, 2006.

17 Dubrova Y.E.: Monitoring of radiation-induced germline mutations in human. Swiss Med. Weekly, Vol. 133: p.474-478, http://www.smw.ch/docs/pdf200X/2003/35/smw-10228.pdf

18 Bandazhevsky Yu.I. and Lelevich V.V. : Clinical and experimental aspects of the effect of incorporated radionuclides upon the organism, Gomel, State Medical Institute, Belorussian Engineering Academy. Ministery of Health of the Republic of Belarus, pp 128.Gomel, 1995.

19 Bandazhevsky Y.I. Pathology of incorporated radioactive emission. Gomel State Medical Insti-

tute. pp 91, 1998

20 Bandahevsky Y.I :Chronic Cs-137 incorporation in children's organs. Swiss Med. Weekly（SMW）133: p. 488-490, 2003.

21 Bandazhevskaya G.S., Nesterenko V.B. & al.. Relationship between Caesium（Cs-137）load, cardiovascular symptoms, and source of food in « Chernobyl » children –preliminary observations after intake of oral apple pectin. Swiss Med. Weekly（SMW）. 134 : p.171-78, 2004.

22 Spix Claudia, Schmiedel S, Kaatsch, Schulze-Rath R. & Blettner M : Case-control study on childhood cancer in the vicinity of nuclear power plants in Germany 1980-2003. European J Cancer 44: p.275-284, 2008.

23 Schmitz-Feuerhake Inge & Michael Schmidt（Ed.）;（ISBN 3-9805260-1-1）, Papers from the Internal Workshop Porthmouth, 1996. Radiation Exposures by Nuclear Facilities. Evidence of the Impact on Health, pp 400, 1998.

24 Forman D., Cook-Mozzafari P., Darby S. & al. : Cancer and nuclear installations. Nature 329: p-499-505, 1987.

25 Busby Chris. : WOLVES OF THE WATER A study constructed from Atomic Radiation, Morality, Epidemiology, Sciences, Bias, Philosophy and Death, 2007.

26 Viel Jean-François: "La santé publique atomisée. Radioactivité et leucémies, Les leçons de La Hague. Editions La Découverte（science et société）9b rue Abel-Hovelacque, 75013 Paris.

27 Béhar A. & Cohen-Boulaka F. : Le tritium ? C'est grave Docteur ? Médecine et guerre nucléaire Vol. 23 : No 1, p 9-13, avril 2008.

28 Stewart A.M., Webb J. & Hewitt D.: A survey of childhood malignancy. Brit. Med. J. Vol. i, p. 1495-1508, 28 June 1958.

29 Sternglass E.J.: Radioaktive "Niedrig"-Strahlung（Low-Level Radiation）; Strahlenschäden bei Kinder und Ungeborenen. Oberbaumverlag, Berlin pp 147. 21, Okt. 1977,.

30 Scherb H., Weigelt E. & Brüske-Hochfeld I. Regression analysis of time trends in perinatal

mortality in Germany 1980—1993. Environ.Health Perspect. 108 : p159-185, 2000.
31 Hanford Thyroid Diseases. By the CDC / Cover-up from DeBruler cruva@gorge.net
32 Tchertkoff W.: Controverses nucléaires, Le Film peut être acquis à CH-6945 Origlio, 2004.
33 WHO. : Effets génétiques des radiations chez l'homme. Rapport d'un groupe d'étude réuni par l'OMS; pp 183, OMS, Palais des Nations, Genève, 1957.
34 Journal Le Monde (Paris) Editorial : Le complot des industriels du tabac. Vendredi 4 août 2000.
35 Journal « Le Courrier de Genève » : Corinne Aublanc : En dissimulant Rylander aurait piétiné la déontologie. Tabagisme.21 octobre 2002.
36 Bertell Rosalie . Chernobyl: An unbelievable Failure to help.International J. of Health Services. Vol.38 , No 3, p1-21, 2008.
37 CONSTITUTION DE L'OMS du 22 juillet 1946, Documents Fondamentaux p1-18, Quarantième édition, OMS Genève 1994.
38 ACCORD entre l'Agence Internationale de l'Energie Atomique (AIEA) et l'OMS . Documents Fondamentaux Quarantième édition, p62-67, OMS, Genève, 1994.
39 Fedirko, P. Ocular radiation risk assessement in population exposed to low-dose ionising radiation. Intern. J. Radiation Med 3 (1-2) p 38, 2001. Risk assessment of eye diseases developments in populations exposed to ionizing radiation. PSR/news Supplementum, on Health of liquidators, 20 years after the Chernobyl Explosion. P. 20, 01 / 2006.
40 Zhavoronkova, L.A., Kholodova, N.B. & Gitidze, N.Y. : The dynamic clinical-electrophysiological assessment of the CNS state in liquidators of the Chernobyl disaster consequences. Intern. J. Radiation Med. Vol 3 : 1-2, p 143-144, 2001.
41 Loganovsky, K.N., Plachinda, Yu.I., Nyagu, A.J. & Yurgev, K.L. : Quantitative electroencephalography as a method for the evaluation of the dose absorbed following total irradiation. Internat. J. Radiation Med. Vol 3 : 1-2, p 376, 2001.

42 Loganovsky, K.N. Chronic fatigue syndrome in the Chernobyl accident consequences liquidators . Internat. J. Radiation Med. Vol 3 : 1-2, p 76, 2001.

43 Flor-Henry, P : Communication personnelle/ The influence of radiation on the left hemisphere and its relationship to the increased incidence of schizophrenia, chronic fatigue syndrome in the victims of the Chernobyl. Intern. J. Radiation Med. 3（1-2）p.39-40, 2001.

44 Rigaux François, Professeur de Droit International, Louvain.-la-Neuve, Belgique. Freda Meissner-Blau, Vienne, Autriche. Résumé des Témoignages, p234 ; JUGEMENT 235-237. Tribunal Permanent des Peuples. Commission Internationale de Tchernobyl : Conséquences sur l'environnement, la santé, et les droits de la personne. Vienne, Autriche, ECODIF- 107 av. Parmentier, 75011 Paris, ISBN 3-00-001533-7, 12-15 avril 1996.

45 Gres N., Arinchin A.N, Ospennikova L.A. Some Features of developing of chronic pathology in Belorussian children, living in conditions of permanent low-dose radiation. PSR/news p36-38, Supplementum , 2006.

46 Bandazhevskaya G. Nesterenko V.B. et al.: Relationship between Caesium（Cs-137）load, symptoms, cardiovascular symptoms, and source of food in "Chernobyl" children; Preliminary observations after intake of apple pectin. Swiss Medical Weekly 134: 725-729, 2004

47 Nesterenko V.B.: Chernobyl accident. Radioprotection of population. Institute of Radiation Safety "BELRAD". pp 180, Minsk 1998.

48 Lengfelder E., Demidchik J., Demichic K.., Becker H. & Boroukova L. : Münchner Med. Wschr. 138 : 15, p259-264. Minsk, 1996.

49 Vorontsova t.V. & al. 1996. Autoimmune reactions intensity in children and adolescents with type I diabetes mellitus, living in various radiological regions of Belarus. Internat. J. Radiation Medicine : 3.（1-2）p139-140, 2001.

50 Wong F.L. Non cancer diseases incidence in the atomic bomb survivors. 135 : p418-430, 1993.

# 附録

# 資料

## 国際原子力機関と世界保健機関との間の合意書（訳注1）

### 第一条　協力と協議

1　国際原子力機関と世界保健機関とは、国際連合憲章が立てた一般的枠組みの中で、それぞれの組織の憲章の条項が定義する目的を実現しやすくするために、緊密な連携のもとに行動し、共通利害に関わる問題については定期的に協議することとする。

2　特に、世界保健機関の憲章と、国際原子力機関の憲章とに従って、また同じく、国際原子力機関が国際連合との間に取り結んだ合意書や、その合意書に関して交された書簡とに従って、また双方の協力関係において双方が互いに果すべき責任に照らして、世界保健機関は、国際原子力機関が、平和利用のための原子力エネルギーの研究および開発と実用とを、全世界で鼓舞し、援助し、組織する根本機関であることを認めるが、世界保健機関が、研究を含むあらゆる形態を通じて、国際的な保健活動を鼓舞し、開発し、援助し、組織する権利は損なわれないものとする。

3　一方が、他方にとって多大な関心事である分野での、計画または活動を企てようとする度毎に、前者は後者に諮り、共通の合意において問題を処理するものとする。

第二条　代表の交換

1　世界保健機関の代表者たちは、国際原子力機関の総会に際して、世界保健機関の利害にかかわる議事日程に関しては、出席するよう招待され、総会およびその下部機関（各種の委員会等）の討議に参加するが、投票権はない。

2　国際原子力機関の代表者たちは、世界保健議会に際して、国際原子力機関の利害にかかわる議事日程に関しては、出席するよう招待され、議会およびその下部機関（各種の委員会等）の討議に参加するが、投票権はない。

3　世界保健機関の代表者たちは、国際原子力機関の理事会の会合が開かれる時、世界保健機関の利害にかかわる議事日程に関しては、出席するよう招待され、会合および各種の委員会等に参加するが、投票権はない。

4　国際原子力機関の代表者たちは、世界保健機関の執行委員会の会合が開かれる時、国際原子力委員会の利害にかかわる議事日程に関しては、出席するよう招待され、会合および各種の委員会等に参加するが、投票権はない。

5　国際原子力機関と世界保健機関とが、双方のいずれかが主宰するこれ以外の会合において、他方の利害にかかわる問題を取り扱う時には、適宜協議を行なって、適切な態勢を取る。

訳注1　一九五九年五月八日、第一二回世界保健総会にて批准。ＷＨＡ一二―四〇

第三条　情報および資料の交換

1　国際原子力機関と世界保健機関とは、提供を受けた情報の機密性を保つために、何らかの抑制的な手段を取るべき場合があることを認識する。本合意書の一方ないしは他方が、その所持する情報について、その公開が、その機関の何れかの加盟国、あるいは誰であれ前述の情報を提供した人の信頼を裏切ることになるか、またはその仕事の円滑な遂行を何らかの形で妨げる恐れがあると判断した場合については、この合意書のいかなる文言も、情報の提供を義務付けているもののように解釈してはならないという点で、双方は合意している。

2　国際原子力機関の事務局と世界保健機関の事務局とは、ある種の資料の機密性が保たれるために必要な手段が取られるという条件付きで、双方にとっての関心事となりうる、あらゆる企画や計画について相互に承知しておくものとする。

3　世界保健機関の事務局長と、国際原子力機関の事務局長と、あるいはそれぞれの代理人は、双方のどちらか一方の求めに応じて、諮問会を開催し、どちらか一方のもつ情報がもう一方にとって関心事でありうる場合に、それを提供する場とする。

第四条　諸問題の議事日程への組み入れ

世界保健機関は、国際原子力機関から提起された問題について、必要に応じ前もって諮問にかけた後、議会または執行委員会の議事日程案に組み入れる。同様に、国際原子力機関は、世界保健機関から提起された問題を、総会または理事会の議事日程案に組み入れる。一方から他方への討議を依頼する案件には、解説書を付帯するものとする。

第五条　事務局間の協力

国際原子力機関の事務局と世界保健機関の事務局とは、双方の組織の事務局長の間で適切な時期にとられる取り決めに従って、仕事上の緊密な協力関係を維持する。特に、双方に関係する問題を研究する際には、混合委員会を組織することができるものとする。

第六条　管理上、技術上の協働

1　国際原子力機関と世界保健機関とは、人員および資材をもっとも効果的に使用するために、また、施設や業務の創設や実働が、競合し、あるいは二重使用になるのを避けるために、適時協議を重ね、適正な方式を公けにする。

2　国際原子力機関と世界保健機関とは、国際連合のとっている一般的な態勢の枠組みの中で、人員配置の面で協力しあえるよう、以下の諸手段を取ることで合意する：

(a)　人員の採用に際して競合を避けるための諸手段

(b)　職務をより有効に役立てるために、双方の職員を、必要とあらば、一時的な場合と恒久的な場合とを含めて、より容易に交換できるようにするための諸手段。ただし、該当する職員のそれまでの在籍歴や職員住宅に関する権利、その他の権利が損なわれることのないように配慮するものとする。

第七条　統計業務

統計の分野でできる限り完全な協力を確かなものにするために、また情報の蒐集先である政府やその他の組織の負担を最小限にするために、この分野での協力のために国際連合がとっている一般的な態勢を考慮して、国際原子力機関と世界保健機関とは、統計の蒐集と樹立と公表の過程で、不要な二重使用を避け、統計の分野での情報と原資料と技術職員とをもっとも効果的に使用する目的で、協議を行なうこととし、また、双方の共通の関心事についてのあらゆる統計的作業についても同様とする。

**第八条　特殊な任務の財源**

一方の当事者による援助要求に応えることが、他方にとって多額の財政負担となり、またはその危険性があるとき、もっとも公正な形でその負担を処理できるよう、協議する。

**第九条　地域事務局**

世界保健機関と国際原子力機関とは、諸状況により必要とされる時には、双方のうちの一方が、もう一方が既に開設しているか、あるいはこれから開設しようとしている地域事務所あるいはその付属施設の、場所、人員および共用サービスを使用できるよう、協力態勢を整える目的で、協議することに合意する。

**第一〇条　合意書の執行**

国際原子力機関の事務局長と、世界保健機関の事務局長とは、この合意書を執行するために、両機関の経験に照らして望ましく思われる方向で、あらゆる態勢を取ることができる。

**第一一条　国際連合への通知。分類と目録への登録**

1　国際原子力機関と世界保健機関とは、それぞれが国際連合との間に結んでいる合意に従って、この合意書の各条項を国際連合に対して直ちに通知する。

2　この合意書の発効に際しては、国際連合事務総長に対して、国際連合によって採択されている規則に従って通知し、分類と目録への登録を受ける。

**第一二条　改正と破棄**

1　この合意書は、世界保健機関と国際原子力機関との、何れか一方の提議により、双方の合意によって改正されることがある。

2　この改正案が合意に至らなかった場合、どちらか一方の当事者はこの合意書を、任意の年の遅くとも六月三〇日までに予告することによって、その年の一二月三一日をもって解消できるものとする。

**第一三条　発効**

この合意書は、国際原子力機関の総会と、世界保健議会との双方で批准を受けて、直ちに発効する。

# 関連年表

1929年4月2日　ミシェル・フェルネクス、スイスのジュネーヴで誕生。

1934年4月15日　ソランジュ・フェルネクス、Solange de Turkheimとして誕生（フランス・ストラスブール）。

1951年12月20日　アメリカ合衆国アイダホ州に、最初の原子炉が稼動する。

1953年12月8日　アメリカ大統領アイゼンハウアが、国連総会で「平和のための原子力」と題する演説を行なう。この中で、国際原子力機関の設立も提案された。

1954年6月27日　ソ連邦のオブニンスクに、最初の商用原子炉が稼動。続いて、一九五六年に、フランスとイギリスで相次いで原子力発電が開始される。

1957年7月29日　国際原子力機関（ＩＡＥＡ）が正式に発足。

1957年10月10日　イギリスのウィンズケールの原子力発電所で火災。七四〇テラベクレルの沃素一三一を環境に放出する。

1959年5月28日　第一二回・世界保健会議で、ＷＨＯ—ＩＡＥＡ間の合意文書が採択される（WHA12.40）。

1969年10月17日　フランスのサンロラン原子力発電所で、五〇キログラムのウラニウムが融合する事故。フランス政府は事故の詳細を公表せず（INESレベル四）。

1973年　ヨーロッパで最初の環境保護派政党「生き伸びるためのエコロジー」が、ソランジュ・フェルネクスの主導によって結成される。

1979年3月28日　アメリカ合衆国ペンシルバニア州スリーマイル島の原子力発電所で、炉心の四〇％が溶融する事故（INESレベル五）。

1979年　欧州議会選挙に際し、ヨーロッパエコロジーはソランジュ・フェルネクスを筆頭候補者とするリストで選挙戦に臨み、四・三九％の票を獲得。

1980年3月13日　フランスのサンロラン発電所で、二〇キログラムのウラニウムの融合事故。発電所は二年半にわたって閉鎖された（INESレベル四）。

1984年1月29日　ソランジュ・フェルネクスらにより、フランス緑の党が設立される。

1986年4月26日　チェルノブイリ原子力発電所の四号機で、破滅的な惨事が発生。

1986年12月8日　ロザリー・バーテルにライト・ライブリフード賞。

1989年　物理学者ヴァシーリ・ネステレンコを中心に、行政等からは独立した放射線防護研究所「ベルラド」がベラルーシに設立される。

1989年7月25日　欧州議会選挙の結果が確定。ソランジュ・フェルネクスが当選し、議員となる（一九九五年まで）。ソランジュは会派のスポークスマンもつとめるようになる。

1991年5月　IAEAの会議で専門家たちが、沃素一三一と甲状腺癌との因果関係を、はじめて承認する。しかし大筋では「汚染による健康への影響はない」とされる。

1991年12月26日　ソ連邦崩壊。

1994年7月10日　ルカシェンコがベラルーシの大統領になる。

1995年　ソランジュ・フェルネクスが、「平和と自由のための国際婦人同盟」のフランス支部長になる（二〇〇三年まで）。

1995年11月22～23日　ジュネーブでWHOの国際会議「チェルノブイリをはじめとする放射線事故の健康への影響」。

1995年11月　事故による健康被害の発生を全面的に否認するOECDの文書が「チェルノブイリから既に一〇年」と題して公刊される。

1996年4月8～12日　IAEAの会議「チェルノブイリから一〇年」。

1996年4月12～15日　チェルノブイリ人民法廷がウィーンで開かれる。

1996年　チェルノブイリ国際医師会議が、ロザリー・バーテルらにより結成される。

1999年7月13日　ベラルーシのバンダジェフスキ教授がテロリズム容疑で逮捕され、六カ月後に釈放されたが、以後、自宅軟禁状態に置かれる。

2000年12月8日　UNSCEARの報告書が、ウクライナとベラルーシの代表団の抗議を無視して国連総会で採択される。

2001年4月27日　被災児童の救援団体「ベラルーシ／チェルノブイリの子供たち」が、ベラルーシのネステレンコ教授の要請により、フェルネクス夫妻らによって設立される。

2001年6月18日　バンダジェフスキ教授に八年間の矯正収容所生活という有罪判決。

2001年9月8日　ソランジュ・フェルネクスに「核のない未来賞」が授与される。

２００２年６月　「真理と正義への権利のためのバンダジェフスキ委員会」が結成される。

２００５年９月５日　「チェルノブイリ事故の真実の規模」と題する、事故を過少評価した文書が、ＩＡＥＡ、ＷＨＯほかの連名で出される。

２００５年10月７日　ＩＡＥＡにノーベル平和賞。

２００６年１月６日　バンダジェフスキがようやく釈放される。

２００６年　ＷＨＯがＩＡＥＡのくびきを逃れ、独立性を取り戻すことを求め、様々な団体を糾合した横断組織が結成された。「ベラルーシ／チェルノブイリの子供たち」が筆頭呼び掛け団体であった。

２００６年９月11日　ソランジュ・フェルネクス逝去（癌）。

２００８年８月25日　ヴァシーリ・ネステレンコ逝去。七三歳。

２０１１年３月11日　日本で東日本大震災。福島第一原子力発電所（東京電力）で、４つの原子炉が損傷し、続く数日間のうちに相次いで爆発する（ＩＮＥＳレベル六）。

## [著者略歴]

### ミシェル フェルネクス（Michel Fernex ）

1929年ジュネーヴ生まれのスイス人。医学博士。ジュネーヴ、パリ、ダカール、バーゼルで医学を学ぶ。後、セネガル、マリ、ザイール、タンザニアなどアフリカ諸国に勤務、またフランス、スウェーデンでも勤務し、寄生体学、マラリア、フィラリア症の問題で、世界保健機関と15年間、共同作業を行う。スイス・バーゼル大学医学部教授に任命。 臨床医学、及び熱帯医学専門医。66歳で退職。以後、「核戦争防止国際医師会議」（IPPNW）の会員、またNPO「チェルノブイリ/ベラルーシのこどもたち」（ETB）をフランス緑の党創立メンバーで反核の闘士であった夫人のソランジュ・フェルネクスと2001年に創設。また2007年からETB、IPPNW、CRIIRAD、フランス脱原発ネットワークなどとWHO独立のためのキャンペーン（Independent WHO）を組織。

### ソランジュ・フェルネクス（Solange Fernex）

1934年、ストラスブール（現・フランス）生まれ。ヨーロッパで最初の環境保護政党を立ち上げた女性である。欧州議会議員（1989～94年）、国際平和事務局（ジュネーブ）副代表（1994～98年）。2001年、「核のない未来賞」を受賞。

著書『生命のための生命』（1983）。十数カ国語を理解したと言われ、訳書が多数ある。2006年、逝去。

### ロザリー・バーテル（Rosalie Bertell）

1929年、アメリカ生まれ。医学博士。カトリック修道女。平和運動家。また低線量被曝問題への長年の取り組みや、ボパール被害者の支援活動などで著名である。1986年、ライトライブリフッド賞を受賞。

著書『ただちに危険はありません』（1985年）、『戦争はいかに地球を破壊するか』（邦訳・緑風出版、2005年）

## [訳者略歴]

### 竹内雅文（たけうち　まさふみ）

1949年東京生まれ
慶應義塾大学法学部政治学科卒
著述業（フランス現代思想・日本神話論）
著書 『蛇屋雑貨店』1997、青弓社
論文 Le taureau savant et la déesse（所収Iris numéro21,2001, Université Grenoble 3）『媒介する神オホアナムチ』（所収『神話・象徴・文化Ⅱ』2006、楽浪書院）ほか

# 終《おわ》りのない惨劇《さんげき》
## ——チェルノブイリの教訓から

2012年3月31日　初版第1刷発行　　　　定価2200円＋税

著　者　ミシェル・フェルネクス、ソランジュ・フェルネクス、
　　　　ロザリー・バーテル
訳　者　竹内雅文
発行者　高須次郎 ©
発行所　緑風出版
〒113-0033　東京都文京区本郷2-17-5　ツイン壱岐坂
［電話］03-3812-9420　［FAX］03-3812-7262　［郵便振替］00100-9-30776
［E-mail］info@ryokufu.com　［URL］http://www.ryokufu.com/

装　幀　斎藤あかね　　イラスト　Nozu
制　作　R 企 画　　印　刷　シナノ・巣鴨美術印刷
製　本　シナノ　　用　紙　大宝紙業・シナノ　　E1500


Printed in Japan　　ISBN978-4-8461-1205-9　C0036

プロブレムQ&A
## どうする？ 放射能ごみ
［実は暮らしに直結する恐怖］
西尾漠著

A5判変並製
一六八頁
1600円

原発から排出される放射能ごみ＝放射性廃棄物の処理は大変だ。再処理にしろ、直接埋設にしろ、あまりに危険で管理は半永久的だからだ。トイレのないマンションといわれた原発のツケを子孫に残さないためにはどうすべきか？

プロブレムQ&A
## 原発は地球にやさしいか
［温暖化防止に役立つというウソ］
西尾漠著

A5判変並製
一五二頁
1600円

原発は温暖化防止に役立つとか、地球に優しいエネルギーなどと宣伝されている。$CO_2$発生量は少ないというのが根拠だが、はたしてどうなのか？ これらの疑問に答え、原発が温暖化防止に役立つというウソを明らかにする。

プロブレムQ&A
## ムダで危険な再処理
［いまならまだ止められる］
西尾漠著

A5判変並製
一六〇頁
1500円

青森県六ヶ所「再処理工場」とはなんなのか。世界的にも危険でコストがかさむ再処理はせず、そのまま廃棄物とする「直接処分」が主流なのに、なぜ核燃料サイクルに固執するのか。本書はムダで危険な再処理問題を解説。

## 破綻したプルトニウム利用
政策転換への提言
原子力資料情報室、原水爆禁止日本国民会議編著

四六判並製
二二〇頁
1700円

多くの科学者が疑問を投げかけている「核燃料サイクルシステム」が、既に破綻し、いかに危険で莫大なムダかを、詳細なデータと科学的根拠に基づき分析。このシステムを無理に動かそうとする政府の政策の転換を提言する。

## 戦争はいかに地球を破壊するか
最新兵器と生命の惑星
ロザリー・バーテル著／中川慶子・稲岡美奈子・振津かつみ訳

四六判上製
四一八頁
3000円

戦争は最悪の環境破壊。核実験からスターウォーズ計画まで、核兵器、劣化ウラン弾、レーザー兵器、電磁兵器等により、惑星としての地球が温暖化や核汚染をはじめとして、いかに破壊されてきているかを明らかにする衝撃の一冊。